生物特征数字水印技术及应用

李春雷　王蕴红　马　彬　著

U0264846

科学出版社

北　京

内 容 简 介

　　数字水印技术的提出为生物特征图像提供了一种有效的保护方法。当前生物特征水印相关的研究，主要是将传统水印方法应用在生物特征数据之上，并未结合生物特征数据自身的特性对水印算法进行设计。本书着眼于生物特征数据区别于传统数字水印中宿主图像与水印模板的特点展开生物特征数字水印的研究工作。

　　本书共分为 10 章。第 1 章为概论部分；第 2 章对生物特征数字水印进行综述；第 3～6 章阐述了基于认证水印的生物特征图像保护研究，给出 4 种生物特征图像保护算法；第 7～9 章阐述了生物特征互嵌入及其在身份识别中的应用研究，给出 3 种生物特征互嵌入算法；第 10 章对本书工作进行总结，并对该领域未来发展方向提出一些建议和展望。

　　本书可作为计算机、通信与信息系统、信号与信息处理等专业的研究生教材或参考书，也可作为生物特征识别、信息安全和保密通信、多媒体数字产品版权保护等领域技术人员和研究人员的参考书。

图书在版编目 (CIP) 数据

生物特征数字水印技术及应用/李春雷，王蕴红，马彬著. —北京：科学出版社，2016.3
　ISBN 978-7-03-047814-6

Ⅰ. ①生… Ⅱ. ①李… ②王… ③马… Ⅲ. ①电子计算机－密码术－研究 Ⅳ. ①TP309.7

中国版本图书馆 CIP 数据核字 (2016) 第 056628 号

责任编辑：任　静 / 责任校对：胡小洁
责任印制：张　倩 / 封面设计：迷底书装

科　学　出　版　社　出版
北京东黄城根北街 16 号
邮政编码：100717
http://www.sciencep.com

新科印刷有限公司 印刷
科学出版社发行　各地新华书店经销

*

2016 年 3 月第　一　版　开本：720×1 000　1/16
2016 年 3 月第一次印刷　印张：11 1/4　彩页：1
字数：217 000

定价：56.00 元
(如有印装质量问题，我社负责调换)

前　　言

　　现代社会信息化程度日益加快，对身份安全问题提出更高的要求。传统的身份认证方法包括身份证、口令、密钥等。身份证容易遗失或者被人伪造，而口令、密钥容易忘记，过短的口令容易被破解，过长的口令存在着记忆不方便的问题，从而又带来了密钥保管方面的问题。另外，传统认证方法不能分辨出哪些人是正式获得授权的，而哪些人是通过欺骗手段获得授权的。一旦代表身份的标识物被盗或遗忘，其身份就容易被他人冒充或取代。生物特征具有普遍性、唯一性、稳定性和不可复制性，从而成为一种便捷、可靠的身份鉴别方法，得到了广泛的关注与应用。随着生物特征识别技术的广泛应用，提升生物特征的安全性显得日益重要和紧迫。

　　单纯使用传统的密码学方法并不能完全解决生物特征数据的安全问题：一方面，生物特征数据本身具有不可替换性，如果加密的生物特征数据遭到破解，则会造成无法挽回的损失；另一方面，在特殊的应用场景中，生物特征数据必须以原始的图像形式显式储存以便于进行人工检验（如证件上的人脸图像）。这种情况下，必须将原始数据转化为密文形式存储的加密技术将难以适用。因此迫切需要研究新型的安全工具和策略，对生物特征数字图像进行保护和认证。

　　信息安全领域新兴的数字水印技术为这个问题的解决提供一种有效的途径。将数字水印技术与生物特征识别技术相结合，一方面，可以通过水印技术的信息隐藏、数据有效性认证等功能，为生物特征数据提供可靠的保护方法；另一方面，若选择不同模态的生物特征数据分别作为载体及水印信息，则可实现生物特征互嵌入（如在人脸图像中嵌入同一个体的指纹特征）。在身份认证阶段，可以提取水印生物特征与宿主生物特征进行融合识别，提高身份认证的准确性。

　　目前关于数字水印方面的书籍在国内外均有正式出版，但是还未见生物特征数字水印方面的书籍出版。因此我们撰写本书的目的，一方面是使更多的人了解该领域，满足从事生物特征安全及数字水印研究、开发和应用的有关人员的需求，另一方面总结整理我们近几年关于生物特征数字水印的研究成果，与读者相互学习和讨论，共同促进生物特征水印技术的发展。

　　本书共分为10章。第1章为概论部分，简要介绍了本书研究内容的背景与意义；第2章对生物特征数字水印进行综述；第3章主要研究指纹图像孤立块篡改检测与定位算法；第4章主要研究脆弱自恢复水印及人脸图像保护算法；第5章主要研究冗余环嵌入的脆弱自恢复水印及生物特征图像保护算法；第6章主要研究小波分组量化的半脆弱自恢复水印及人脸图像保护算法；第7章主要研究基于人脸图像特征显著性的指纹水印嵌入算法；第8章主要研究基于指纹图像小波极值量化的人脸水印嵌入算法；

第 9 章研究生物特征互嵌入在身份识别中的应用；第 10 章对本书内容进行总结，并对生物特征数字水印的研究方向提出一些建议和展望。

本书由中原工学院的李春雷，北京航空航天大学的王蕴红、马彬撰写，全书由李春雷负责整理修订。

作者多年来一直从事生物特征识别、信息隐藏和数字水印、信息安全的研究工作，本书是作者多年从事生物特征数字水印研究成果的结晶。在研究过程中，得到国家 973 项目（编号：2010CB327902）、国家自然科学基金项目（编号：60873158、61202499）、中原工学院学术专著出版基金的支持，在此表示感谢。

由于作者水平有限，书中不足之处在所难免，恳请广大读者批评指正。

目　　录

前言

第1章　概论 ……………………………………………………………………… 1
1.1　研究背景与意义 …………………………………………………………… 1
1.2　生物特征识别系统面临的安全隐患 …………………………………… 2
1.2.1　生物特征数据的特殊性 …………………………………………… 3
1.2.2　生物特征识别系统的薄弱环节 …………………………………… 4
1.3　生物特征数据的保护 ……………………………………………………… 6
1.3.1　生物特征模板保护 ………………………………………………… 6
1.3.2　生物特征数字水印 ………………………………………………… 10
参考文献 ……………………………………………………………………… 10

第2章　生物特征数字水印综述 ……………………………………………… 12
2.1　引言 …………………………………………………………………………… 12
2.2　数字水印技术概述 ………………………………………………………… 12
2.2.1　鲁棒水印的性能评价指标 ………………………………………… 13
2.2.2　认证水印的性能评价指标 ………………………………………… 15
2.2.3　认证水印的常见攻击类型 ………………………………………… 17
2.3　生物特征数字水印技术 …………………………………………………… 18
2.3.1　生物特征作为水印 ………………………………………………… 19
2.3.2　生物特征作为宿主 ………………………………………………… 23
2.3.3　多生物特征互嵌入 ………………………………………………… 26
2.4　本章小结 ……………………………………………………………………… 29
参考文献 ……………………………………………………………………… 30

第3章　指纹图像孤立块篡改检测与定位算法 …………………………… 36
3.1　引言 …………………………………………………………………………… 36
3.2　传统基于块链脆弱水印算法分析 ………………………………………… 37
3.3　基于多块依赖的脆弱水印算法 …………………………………………… 38
3.3.1　水印嵌入过程 ……………………………………………………… 38
3.3.2　水印提取及篡改检测 ……………………………………………… 40
3.4　安全强度分析 ……………………………………………………………… 41
3.5　定位精度分析 ……………………………………………………………… 42

3.6 实验结果与分析 ··· 45
    3.6.1 自然图像区域篡改检测 ·································· 45
    3.6.2 指纹图像孤立块篡改检测 ······························ 46
    3.6.3 在合谋攻击下的安全性 ·································· 50
3.7 本章小结 ·· 51
参考文献 ··· 51

第 4 章 脆弱自恢复水印及人脸图像保护算法 ····························· 54
4.1 引言 ·· 54
4.2 基于 GBVS 的人脸显著区域分割 ································· 54
4.3 基于显著区域的脆弱自恢复水印算法 ····························· 56
    4.3.1 基于图像块的显著区域图生成 ·························· 56
    4.3.2 水印生成 ·· 57
    4.3.3 水印嵌入 ·· 58
    4.3.4 篡改检测及定位 ······································ 60
    4.3.5 人脸特征数据恢复 ···································· 61
4.4 水印算法性能分析 ··· 62
    4.4.1 不可见性 ·· 62
    4.4.2 安全强度分析 ·· 63
    4.4.3 定位精度分析 ·· 64
4.5 实验结果与分析 ··· 69
4.6 本章小结 ··· 73
参考文献 ··· 73

第 5 章 冗余环嵌入的脆弱自恢复水印及生物特征图像保护算法 ··········· 75
5.1 引言 ·· 75
5.2 冗余环结构 ··· 76
5.3 脆弱自恢复水印算法 ··· 77
    5.3.1 水印嵌入 ·· 77
    5.3.2 篡改检测 ·· 79
    5.3.3 篡改恢复 ·· 80
5.4 算法性能分析 ··· 81
    5.4.1 安全强度分析 ·· 81
    5.4.2 计算复杂度 ·· 83
5.5 实验结果与分析 ··· 83
    5.5.1 篡改检测 ·· 83
    5.5.2 篡改图像恢复 ·· 85

　　　5.5.3　脆弱自恢复算法用于人脸图像保护 ···87

　　　5.5.4　脆弱自恢复算法用于指纹图像保护 ···89

　5.6　算法安全性 ··89

　　　5.6.1　合谋攻击 ···89

　　　5.6.2　仅内容篡改攻击 ··90

　5.7　本章小结 ···91

　参考文献 ··92

第6章　小波分组量化的半脆弱自恢复水印及人脸图像保护算法 ············93

　6.1　引言 ··93

　6.2　系统总体框架 ···94

　6.3　人脸区域检测 ···95

　6.4　小波分组量化的半脆弱自恢复水印算法 ···97

　　　6.4.1　水印生成及嵌入过程 ··97

　　　6.4.2　水印提取及篡改检测 ··99

　　　6.4.3　攻击类型判别及篡改恢复 ···101

　6.5　实验结果与分析 ··102

　　　6.5.1　不可见性 ···102

　　　6.5.2　恶意篡改定位性能 ···103

　　　6.5.3　在内容保持操作下的性能 ···106

　　　6.5.4　篡改类型判别 ··108

　　　6.5.5　篡改恢复 ···109

　6.6　本章小结 ···111

　参考文献 ··111

第7章　基于人脸图像特征显著性的指纹水印嵌入算法 ·······················113

　7.1　引言 ··113

　7.2　基于人脸判别特征显著性的自适应水印方法 ···································114

　　　7.2.1　指纹水印生成 ··114

　　　7.2.2　人脸宿主图像特征分析 ···115

　　　7.2.3　水印嵌入与提取 ···117

　7.3　融合宿主与水印的多生物特征认证 ··119

　　　7.3.1　基于指纹水印认证的人脸图像有效性认证示例 ·······················119

　　　7.3.2　融合指纹与人脸的多模态身份识别 ···120

　7.4　实验结果与分析 ··122

　　　7.4.1　人脸图像的客观质量 ··122

　　　7.4.2　水印鲁棒性 ···124

    7.4.3　多模态生物特征识别 ································· 125

  7.5　本章小结 ·· 126

  参考文献 ·· 127

第 8 章　基于指纹图像小波极值量化的人脸水印嵌入算法 ············ 129

  8.1　引言 ·· 129

  8.2　基于小波局部极值量化的指纹水印 ························· 129

    8.2.1　小波系数显著差异 ·································· 129

    8.2.2　量化索引调制 ······································ 130

    8.2.3　SD-QIM 水印嵌入与提取算法 ······················ 131

  8.3　实验结果与分析 ··· 132

    8.3.1　水印造成的图像失真 ······························ 132

    8.3.2　水印鲁棒性 ·· 133

  8.4　对于 SD-QIM 方法的进一步改进 ·························· 138

    8.4.1　显著幅值差异特征 ·································· 139

    8.4.2　抖动索引调制 ······································ 140

    8.4.3　基于 SAD-DM 的水印嵌入及提取方法 ··············· 141

    8.4.4　实验结果与分析 ···································· 142

  8.5　本章小结 ·· 151

  参考文献 ·· 151

第 9 章　生物特征互嵌入在身份识别中的应用 ······················ 153

  9.1　基于人脸检测的水印有效性认证 ··························· 153

    9.1.1　模板匹配方法 ······································ 153

    9.1.2　SVM 判别方法 ····································· 155

    9.1.3　实验结果与分析 ···································· 156

  9.2　多模态生物特征融合 ····································· 160

    9.2.1　基于稀疏表示的低分辨人脸识别 ···················· 161

    9.2.2　多模态生物特征认证 ······························ 162

    9.2.3　实验结果与分析 ···································· 163

  9.3　本章小结 ·· 167

  参考文献 ·· 167

第 10 章　总结与展望 ··· 169

  10.1　总结 ··· 169

  10.2　展望 ··· 171

彩图

第1章 概　　论

1.1　研究背景与意义

在当今的信息化时代，如何准确鉴别个体身份已经成为人们日常生活与商业活动中的一个关键性社会问题。随着日益增长的实际应用需求，传统的基于知识与令牌的身份认证方式逐渐暴露出诸多弊端：知识存在着泄露、破解和遗忘等问题；令牌则易被伪造或遗失，一旦代表公民身份的标识物被盗用，其身份就容易被他人冒充甚至取代，造成严重的经济损失和社会影响。

生物特征识别是指通过计算机利用人体固有的生理特征（指纹、虹膜等）或行为特征（步态、签名等）进行身份鉴别的技术。图 1-1 给出了几种常见的生物特征示例。相对于传统身份认证技术中所使用的知识或令牌，生物特征具有人各有异、终生不变、随身携带三大优势，为身份识别问题提供一种更为便捷、可靠的解决方案[1]。

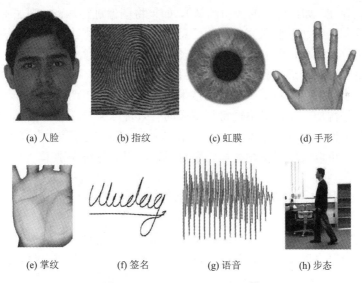

(a) 人脸　　　　(b) 指纹　　　　(c) 虹膜　　　　(d) 手形

(e) 掌纹　　　　(f) 签名　　　　(g) 语音　　　　(h) 步态

图 1-1　常见的生物特征示例[2]

早在 20 世纪 60 年代，美国联邦调查局（FBI）与法国巴黎警察局便开始研究自动指纹识别系统（AFIS），并将其用于刑事案件的侦破。2001 年 "9.11 事件" 发生之后，民航安全与身份认证成为各国政府格外关注的问题，生物特征识别技术更是得到蓬勃发展。以美国为首的西方世界各国都将生物特征识别技术作为关系国家未来安全的重大关键技术加以扶持，加强对生物特征识别技术的发展力度。2003 年 5 月国际民用航空组织（ICAO）发布的规划中，建议其 188 个成员国在护照中应用生物特征识别技术。2004 年，美国政府启用旅客和移民状态指示技术（US-VISIT），从境外领事馆的签证发放开始，贯穿入境到出境全过程，采用指纹识别技术进行"人证一致性"验证，保证获得签证与实际入境的旅客为同一个体。我国生物特征识别技术也引起了高度重视，并取得成功应用。2008 年北京奥运会期间，由中国科学院自动化研究所生物特征识别与安全技术研究中心研发的人脸识别技术被用于实名制门票查验，约 36 万人次经过人脸识别系统的验证后进入开闭幕式现场。2011 年，我国在《居民身份证法》的修正案中规定，在 2013 年之后更换的第二代身份证件中存储个人的指纹信息。目前，随着技术的成熟，生物特征识别技术已然融入到人们日常生活的方方面面，广泛应用于金融、安防、教育、医疗、社保等诸多领域[3,4]。

然而，随着生物特征识别系统的广泛应用，各种针对性的恶意攻击也层出不穷[5,6]。为了保障生物特征识别系统的正常运行，必须首先保证输入的生物特征数据是安全可靠的[7]。对于生物特征数字图像的保护更是被列为生物特征识别系统中迫待解决的问题之一[8]。传统的密码学在一定程度上起到保护生物特征数据的目的，但是存在着以下不足：①一旦加密的生物特征数据遭到破解，由于生物特征数据的唯一性和不可替代性，就会被非法分子传播和滥用；②在有些生物特征应用场景，生物特征数据必须以图像的形式存在（如证件上的人脸图像），如果将图像进行加密，则加密后的图像将难以使用。因此，迫切需要研究新型的信息安全方法，对生物特征图像的安全性及保密性进行保护[9]。通过向宿主媒体数据中嵌入序列号、图像标识等信息的手段，实现数据可靠性鉴别、秘密通信和版权保护等目的。

基于数字水印的生物特征图像保护技术，主要分为以下两个方面：①通过将水印嵌入到生物图像内部，实现对生物特征图像的有效性、完整性进行验证；②选择不同的生物特征数据嵌入生物图像内部（如将人脸特征嵌入指纹图像中），在实现图像安全认证的前提下，可以实现多生物特征的融合识别，提高身份识别率。

1.2　生物特征识别系统面临的安全隐患

尽管生物特征识别技术相比传统的基于知识和令牌的身份认证技术，具有很多优点，但该技术自诞生以来却始终备受争议。主要的原因可以概括为两点：一是生物特征数据具有特殊性，若不对其进行合理的保护，则将很可能导致公民隐私信息的泄露，造成无法挽回的后果；二是生物特征识别系统的安全性并不能得到很好的保障，除了普通安全系统所面临的威胁之外，还会遭受专门针对生物特征的特殊攻击。

事实上，现阶段的大多数生物特征识别系统，也未能针对上述问题给出完美的解决方案。本节将对生物特征数据以及生物特征识别系统所面临的威胁进行系统性的介绍和分析。

1.2.1　生物特征数据的特殊性

生物特征识别技术能够自动准确地识别个体身份，然而在给人们的生活带来安全和便利的同时，也引发了公众的诸多忧虑，其中最主要的担忧在于生物特征认证系统能否有效地保证个人生物特征信息的隐私性和安全性。

1）隐私性

生物特征具有唯一性，因而所有部署生物识别系统的场合，均相当于强制实行了"实名制"，让人们感到没有自由和隐秘空间，并且生物特征可以被作为唯一的身份标识在不同机构的数据库中进行交叉查询。如果将公共监控和生物特征识别联系起来，那么或许每个人的行动都无所遁形。公众担心政府或某些机构对于这些资源的过度掌控会侵犯个人隐私。

其次，一些生物特征数据包含个人的遗传、健康等医学信息，例如，从指纹可以推断出有关种族、染色体异常和神经失调方面的信息，而视网膜则可能暴露糖尿病的信息。如果这些生物特征被相关机构获取，那么可能影响到个人申请健康保险、就业或其他方面的权利。

此外，公众还担心生物特征识别系统会被改变原来的认证功能而另做它用。生物识别系统的最初部署是为了在特定场合进行便捷准确的身份验证，但如果缺乏有效的监督机制，那么部分机构可能利用认证系统进行资料搜集、数据挖掘、个人消费习惯分析等，甚至还可能把这些信息泄露给商家，使人们的正常生活受到侵扰。

最后，还有一部分来自文化、宗教和个人情感方面的顾虑。在一些国家的文化习俗中，某些生物特征可能涉及身份歧视或信仰冲突。此外，民众还可能把采集面部照片、按指纹等与犯罪记录联系在一起，因而产生抵触情绪。

2）安全性

生物特征数据的安全性主要面临以下两类问题。

（1）伪造。攻击者从特征模板数据库或合法用户手中成功窃取其生物特征数据，进而伪造出可以通过认证系统的虚假生物特征数据，被称为"身份窃贼"，如图 1-2 所示。该伪造特征既可以是欺骗传感器的实体介质（如明胶指纹），又可以是在系统模块或各模块之间的通信信道中注入的数据（如软件合成的人脸数字图像）。

（2）无法撤销。由于生物特征的唯一性，以及由此导致的无法撤销性（irrevocable）和隐私性（privacy），个人生物特征的丢失就意味着个人身份的丢失。若生物特征遭到破坏或窃取，则不能像密码和卡片那样进行撤销和更换，并且每个人的生物特征都是有限的，不可能无限次地重新发布新的生物特征，如一个人仅有两枚虹膜和十枚手指指纹。此外，有研究表明，可以自动地从指纹细节点模板恢复原始的指纹图像，从而对生物特征识别系统的数据安全提出更高的要求。

图 1-2　攻击生物特征识别系统的"身份窃贼"（图片来自互联网）

1.2.2　生物特征识别系统的薄弱环节

经过长时间的研究与发展，当前的生物特征识别系统在识别精度和速度上已经基本满足各类实际应用的需求。但是，随着近年来生物特征识别系统在金融等领域的广泛应用，攻击者通过破解系统所能攫取的非法利益越发可观，专门针对生物特征系统的新型攻击方法层出不穷。

Schneier[7]等指出只有在保证生物特征识别系统的输入数据是安全可靠的前提下，即所有的生物特征数据都是在录入时从合法用户那里得到的，并且在之后的传输和存储过程中没有被修改过，识别系统才能有效、可靠地进行工作。

Ratha 等以自动指纹识别系统（AFIS）为例[10]，对生物特征识别系统中的薄弱环节进行分类概括和详细探讨，并将生物特征识别系统中不同模块（图1-3）所面临的安全威胁总结如下。

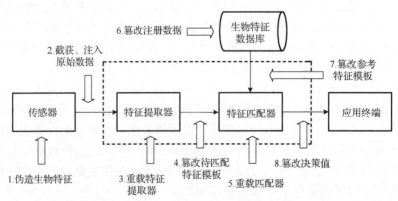

图 1-3　针对生物特征认证系统的攻击类别[10]

1）传感器

通过物理手段，对生物特征数据的采集设备进行攻击，大致可分为以下两类。

（1）拒绝服务攻击。物理性地破坏生物特征采集设备，致使所有用户均无法正常使用认证系统。

（2）伪造/欺骗攻击。例如，使用明胶材料制作指纹模型、佩戴包含虹膜纹理的隐形眼镜等。

拒绝服务攻击所能造成的损失相对有限。但是，伪造/欺骗攻击对于生物特征识别系统的威胁却是巨大的，一旦伪造的物理生物特征实体被采集设备所接受，攻击者将轻易地绕过所有后续的认证模块。

2）传感器和特征提取模块间的信道

可以截取传感器向特征提取模块传送的合法用户的生物特征数据，也可以绕过传感器，通过重放（replay）攻击直接向特征提取模块注入伪造或事先攫取的合法用户的生物特征数据。这项问题的根本原因是，生物特征虽然具有很强的唯一性，但该数据本身并不具备隐秘性：人脸易被拍照，语音易被录音，指纹则会遗留在触摸过的光滑表面。

3）特征提取模块

攻击者利用木马程序入侵特征提取器或篡改特征提取模块，使之生成被攻击者预先选定的特征向量，并向匹配模块提交该虚假特征。

4）特征提取模块和匹配模块之间的信道

在特征提取模块和匹配模块之间传递特征信息时，截取合法用户的生物特征用于以后的非法行为，或利用虚假的特征替换特征提取器输出的特征向量。通常情况下，特征提取和匹配模块共同集成在生物特征认证端，对其间信道实行攻击的难度较大。但是，若提取后的生物特征数据需要通过网络或其他途径进行异地认证，则如上所述的安全威胁仍然是存在的。

5）匹配模块

攻击者可以利用木马程序伪装成匹配器，向发出认证请求的应用端提交生成的匹配分数或"是/否"达到匹配的决策。

（1）如果模块总是产生高匹配分数（或"是"的响应），则将会导致绕行（circumvention）攻击，包括非法用户在内的所有认证请求，均会得到通过。

（2）如果模块总是产生低匹配分数（或"否"的响应），则将会导致拒绝服务（denial of service）攻击，包括合法用户在内的所有认证请求，均会遭到拒绝。

6）模板数据库

攻击者可以篡改或通过非法途径获取模板数据库中的模板信息。例如，智能卡应用中，个人的生物特征模板集成在随身携带的卡片上，若无额外的保护措施，则卡片的丢失也就意味着"数据库"中模板信息的泄露。

此外，高级权限用户（如管理员）登录系统后，也可修改普通用户的敏感数据，并且宣称系统遭受到黑客攻击；或者和入侵者非法勾结，修改用户的生物特征数据或系统参数，提高入侵者成功攻击系统的概率。

7）系统数据库和匹配模块之间的信道

注册时，向系统提供虚假模板，并在验证时阻断合法用户数据，同时向匹配模块传送伪造的模板信息，从而通过验证。这种情况通常发生在特征模板数据库和特征匹配模块分离的情形下。

8）匹配模块和认证请求端之间的信道

直接更改生物特征识别系统的输出决策，发送"认证通过"等控制信息。显然，如果该环节遭到破坏，那么之前的所有识别算法和安全措施便形同虚设。现阶段较为有效的解决方案是引入挑战-响应验证机制（challenge-response authentication）。在验证的最终阶段，并不是特征匹配器单方面地向应用终端反馈"通过与否"的结果，而是需要通信双方进行交互确认。例如，在电子商务中，每笔交易均要求用户提供短信验证码。

一般而言，无论系统具有怎样的复杂性，攻击者总会选择其中最薄弱的环节进行突破，从而以最小的代价获取最大的利益。随着软件和信息安全技术的不断进步，图 1-3 虚线框中的系统模块已基本能够得到有效的保护。用于抵御攻击 1（伪造生物特征实体）的活体检测（liveness detection）技术，近年来也趋于成熟，例如，基于体温及皮下组织取证的指纹防伪技术，基于近红外的虹膜活体识别等，都使得伪造生物特征实体的欺骗性攻击难以达到目的。因而，当前的生物特征系统中面临最严重威胁的就是攻击 2（在通信信道中截获、注入数据）和攻击 6（篡改、替换数据库中的注册数据）所针对的以数字形式存储或传输的原始生物特征数据。

1.3　生物特征数据的保护

生物特征数据包括如下两大类：①生物特征原始数据（raw data），通过传感器生成的以数字形式存在的原始生物特征数据，如人脸数字图像、语音音频；②生物特征模板，原始生物特征数据经过预处理，特征提取之后生成的特征向量。

目前，针对这两种生物特征数据的保护技术主要包括基于密码学的生物特征模板保护（biometric template protection）技术和基于信息隐藏的生物特征数字水印（biometric watermarking）技术。本节将对两类技术进行概要性的介绍和分析，并总结采用数字水印保护生物特征数据的优势。

1.3.1　生物特征模板保护

生物特征的唯一性和终生不变性在为身份认证技术提供便利的同时，却也不可避免地带来无法撤销及个人隐私方面的问题。

为了解决该问题，研究人员提出生物特征模板保护技术，通过密码学方法对从原始数据中提取的特征向量进行不可逆变换或加密处理，将其转化为可公开的私人模板（private template）或秘密模板（secret template），实现对特征模板的保护。为了同时满足识别与安全的需求，要求理想的生物特征模板保护技术应具有如下性质。

（1）可鉴别性：原始模板转化后得到的秘密模板仍然具备较好的区分性，这是生物特征识别的基本要求。

（2）可重用性：一个原始模板能够在多个数据库中以不同的隐秘形式存在，且这些隐秘模板之间无法进行交叉匹配。

（3）可撤销性：变换后模板一旦丢失，管理员可以将其作废，并立即使用原始的生物特征来生成新的变换模板。

（4）单向性：只能从原始生物特征数据生成模板，无法由模板数据逆向重构生物特征。以保证攻击者无法通过秘密模板获取原始模板的有效信息。

根据上述需求，研究者分别从不同的角度出发设计多种模板保护算法。现有的生物特征模板保护技术可以分为：模板加密技术、密钥绑定、密钥生成三大类[11]。

1. 生物特征模板加密

本类方法的主要思想是，引入额外的用户特定的隐秘信息 S 与生物特征模板 B 进行叠加，并采用单向映射函数 H 对其进行加密，最终模板数据库中保存的是 $H(B+S)$。显然，由于映射函数的单向性，任何人均难以从加密后的生物特征模板恢复出原始模板，并且加密模板的撤销，能够通过更换隐秘信息 S 得到实现，所以提供更高的系统安全性。本类方法中，最具代表性的技术有生物特征哈希和模板变形技术。

1）生物特征哈希（BioHashing）

Teoh 等[12]提出了一种生物特征哈希的可撤销模板生成方案。该方法将从指纹图像中提取出的特征向量与存储在用户身份令牌中的随机向量进行迭代内积，并通过阈值处理将结果二值化，产生一组与用户对应的 0-1 序列 BioHashCode，用于最终的身份认证。生物特征哈希算法引入身份令牌的外部因素，并采用近似不可逆变换的加密方法，实现对生物特征数据的保护。

该算法的缺陷在于，如果攻击者成功窃取用户的身份令牌，则算法的性能将大幅度降低。原本为了增强生物特征安全性而引入的身份令牌，反而在认证系统中占据主导地位，背离了使用生物特征进行身份认证的本意。

2）模板变形技术

Ratha 等[13]提出了一种用于指纹细节点保护的模板变形方法。该方法在注册阶段，利用由多种参数控制的单向随机变换函数，对输入的生物特征模板进行变形。变形后的生物特征仍可采用标准的生物特征识别算法进行后续处理。在匹配阶段，测试样本必须按照相同的方式对生物特征图像进行变形，否则将不能与数据库中的模板正确匹配。由于在数据库中存储的并非真实模板，而是经过变形加密的模板，若因为意外泄露等原因造成该模板失效，则只需采用不同的参数生成新的变形模板，即可以实现原模板的撤销。

但是，本类方法面临的一个重要问题是如何在保证加密变换的隐秘性的同时尽可能多地保留原模板的判别信息。具体而言，若随机变换比较简单，则容易被攻击者通过近似算法暴力破解；若随机变换过于复杂，则难以保证原始特征的判别信息得到较好的保存。例如，在图 1-4 的示例中，随机变换的引入导致中心区的若干特征点发生重叠，降低了细节点特征的可区分性。

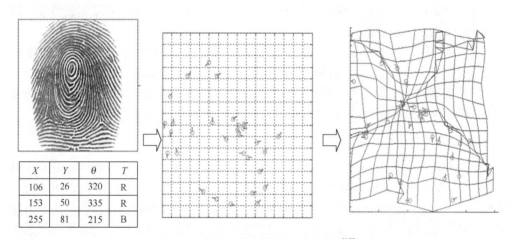

X	Y	θ	T
106	26	320	R
153	50	335	R
255	81	215	B

图 1-4　指纹细节点模板变形示意图[13]

2. 密钥绑定

本类方法的主要思想是利用密钥生成可以公开的辅助数据（helper data），该数据并不会造成用户生物特征的泄露，但可用于密钥的恢复。对于用户特有的密钥 K 和生物特征 B，生成特有的公开信息 P 和隐秘信息 S：$\mathrm{Gen}(B,K) \rightarrow (P,S)$；测试阶段，若另一生物特征 B' 与 B 具有足够高的相似性，则可以通过 B' 和公开信息 P，重新生成该用户的隐秘信息 S：$\mathrm{Rep}(B',P) \rightarrow S$。

本类方法中，最具代表性的是 Juels 等提出的模糊保险箱（fuzzy vault）方法[14]，该方法主要包含以下两个步骤。

（1）用户 Alice 将秘密信息 S 放入保险箱 P 中，并使用无序集 A 加以锁定。

（2）用户 Bob 使用无序集 B 尝试访问 S（即打开保险箱 P）。Bob 能够访问到 S 的充分必要条件是无序集 B 和 A 的绝大多数元素能够重合。

模糊保险箱算法尤其适用于生物特征模板的保护，主要原因是该方法建立在无序集上（如指纹的细节点即为典型的无序点集），并且能够较好地处理集合之间在元素数量、数据精度等方面的误差。

3. 密钥生成

研究者提出了密钥生成机制，直接从生物特征数据中提取密钥，而不采用外部输入的方式。这种情况下，模板数据库中存储的是由生物特征 B 生成的密钥 $K(B)$。认证阶段，系统通过对比 $K(B')$ 与 $K(B)$ 的相似性，对输入的生物特征 B' 进行验证。

Dodis 等提出了安全概要（secure sketch）和模糊提取器（fuzzy extractor）两个概念[15]，试图把随机的生物特征信号转变为可以应用于任意加密环境的稳定密钥，以达到可靠、安全的认证用户身份的目的。其中，安全概要方法试图从生物特征数据中提取出可以公开的信息，该操作能够容忍一定程度的误差，一旦输入与原始的模板相似的信号，这些公开的信息即可用于原始模板的精确重建。而模糊提取器，则尝试从输入的生物特征数据中提取出近似均匀分布的随机信号，该信号可以作为密钥，应用于其他所有的加密环境。

然而，由于采集设备、应用环境以及生物特征自身的类内差异（如同一个体不同表情下的面部特征差异）等，实际应用场景中的生物特征数据总是带有噪声的。如何利用这些数据生成唯一的密钥，并且有效地保证密钥的容错性能是密钥生成方法难以解决的问题。因而，该类方法的实用价值有限，在目前的研究阶段仅限于一种概念性的模型。

综合而言，通过对上述方法的分析可以看出，虽然生物特征模板保护技术能够利用单向函数或不可逆变换等方式对特征模板进行加密，并通过引入额外的辅助数据实现可撤销性，但存在如下难以克服的缺点。

1）无法保护原始生物特征数据

生物特征模板保护技术，首先从原始生物特征数据中提取出特征向量，然后将特征向量加密后进行存储或传播。加密后的生物特征模板已不具备任何直观含义，也无法用于人工验证，无法适用于必须使用原始生物特征数据的应用场景（如证件或电子资料中的人脸图像）。

2）限制了生物特征系统的灵活性

经过加密的生物特征模板，只能使用特定的识别方法进行匹配。例如，利用细节点特征生成的指纹模板，只能使用基于细节点匹配的方法进行识别，无法使用基于小波包[16]、Fingercode[17,18]等特征的识别算法，限制了识别系统能够使用的特征多样性。

3）牺牲了生物特征数据的可判别性

模板保护技术面临的另一个重要问题是如何在保证加密变换的隐秘性的同时，较好地保留原模板的判别信息。具体而言，若随机变换相对简单，则容易被攻击者通过近似算法暴力破解；若随机变换过于复杂，则会不可避免地导致信息熵的增加，降低原始数据中的结构信息，导致生物特征可判别性的下降。

1.3.2　生物特征数字水印

数字水印技术是多媒体信息安全研究领域中的一项新兴技术，它的基本思想是将序列号、文字、图像等隐秘信息（水印）以不可见的形式嵌入多媒体数据载体（宿主）中，达到版权保护、秘密通信、数据真伪鉴别等目的。自 1994 年 van Schyndel 等[19]在国际图像处理大会（ICIP）上发表第一篇数字水印的学术论文至今，数字水印技术的应用已经从单纯的版权保护扩展到数据鉴别、数据监测、叛逆者跟踪以及隐秘通信等诸多领域，并收到良好的效果。生物特征数字水印，正是从信息隐藏的角度出发，将数字水印与生物特征认证相结合的一种新兴技术。

与生物特征模板保护技术相比，使用数字水印保护生物特征数据具有以下几点优势。

1）能够保护原始生物特征数据

模板保护技术对生物特征进行加密变换，使其变为密文形式的"无意义"内容。而数字水印是将秘密信息以不可见的形式隐藏在宿主中，含水印的生物特征仍能够以原始数据形式存在。

2）具有较高的灵活性

由于嵌入水印之后，生物特征数据仍然能够以原始形式存在，所以生物特征系统可以从中提取不同类型的特征用于身份鉴别。

3）较好地保留生物特征数据的判别性

数字水印具有不可感知性，嵌入水印前后宿主媒体的差异，难以被人类的感知系统察觉。这种情况下，生物特征数据的判别特征极少受到影响。

此外，生物特征也可作为数字水印嵌入在其他媒体中。这种情况下，作为隐秘信息的生物特征数据，在传统的模板保护技术之外又多了一道信息隐藏的安全防线。

参 考 文 献

[1] Jain A K, Ross A, Prabhakar S. An introduction to biometric recognition[J]. IEEE Transactions on Circuits and Systems for Video Technology, 2004, 14(1): 4-20.

[2] Jain A K, Nandakumar K, Nagar A. Biometric template security[J]. EURASIP Journal on Advances in Signal Processing, 2008: 113.

[3] Jain A K, Ross A, Pankanti S. Biometrics: A tool for information security[J]. IEEE Transactions on Information Forensics and Security, 2006, 1(2): 125-143.

[4] Jain A K, Pankanti S. A touch of money: biometric authentication systems[J]. IEEE Spectrum, 2006, 43(7): 22-27.

[5] Uludag U, Jain A. K. Attacks on biometric systems: a case study in fingerprints[C]. Proceedings of SPIE-EI, 2004: 622-633.

[6] Ratha N K, Connell J H, Bolle R M. Enhancing security and privacy in biometrics-based authentication systems[J]. IBM Systems Journal, 2001, 40(3): 614-634.

[7] Schneier B. Biometrics: uses and abuses[J]. Communications of the ACM, 1999, 42(8): 58.

[8] Schouten B, Tistarelli M, Garcia-Mateo C, et al. Nineteen urgent research topics in biometrics and identity management[J]. Biometrics and Identity Management, 2008: 228-235.

[9] Ma B, Li C, Wang Y, et al. Block pyramid based adaptive quantization watermarking for multimodal biometric authentication[C]. International Conference on Pattern Recognition (ICPR), 2010: 1277-1280.

[10] Ratha N, Connell J, Bolle R. An analysis of minutiae matching strength[J]. Audio-and Video-Based Biometric Person Authentication, 2001: 223-228.

[11] Li P, Tian J, Yang X, et al. Biometric template protection[J]. Journal of Software, 2009, 20(6): 1553-1573.

[12] Teoh A B, Goh A, Ngo D C. Random multispace quantization as an analytic mechanism for biohashing of biometric and random identity inputs[J]. IEEE Transactions on Pattern Analysis and Machine Intelligence, 2006, 28(12): 1892-1901.

[13] Ratha N, Connell J, Bolle R M, et al. Cancelable biometrics: a case study in fingerprints[J]. International Conference on Pattern Recognition, 2006, 4(4): 370-373.

[14] Juels A, Sudan M. A fuzzy vault scheme[J]. Designs, Codes and Cryptography, 2006, 38(2): 237-257.

[15] Dodis Y, Reyzin L, Smith A. Fuzzy Extractors: How to Generate Strong Keys from Biometrics and Other Noisy Data[M]. Berlin: Springer, 2004: 523-540.

[16] Tico M, Kuosmanen P, Saarinen J. Wavelet domain features for fingerprint recognition[J]. Electronics Letters, 2001, 37(1): 21-22.

[17] Jain A K, Prabhakar S, Hong L, et al. Fingercode: a filterbank for fingerprint representation and matching[J]. Computer Vision and Pattern Recognition, 1999: 188-193.

[18] Jain A K, Prabhakar S, Hong L, et al. Filterbank-based fingerprint matching[J]. IEEE Transactions on Image Processing, 2000, 9(5): 846-859.

[19] van Schyndel R G, Tirkel A Z, Osborne C F. A digital watermark[C]. IEEE International Conference on Image Processing, 1994: 86-90.

第2章　生物特征数字水印综述

2.1　引　　言

生物特征识别与数字水印技术，作为多媒体安全领域的重要技术，分别在身份识别、版权保护等诸多领域取得广泛应用。然而，从两类方法各自的优缺点出发进行分析，可以看到生物特征识别与数字水印技术在一定意义上存在着互补的特性：生物特征数据具有唯一性，能够作为用户身份识别的可靠依据。但是生物数据本身却并不具备隐秘性和安全性，为了保证生物特征系统能够正常进行工作，必须引入额外的安全工具对输入数据的有效性进行鉴别；数字水印技术能够通过检测预先嵌入的水印信息，对宿主数据的有效性进行认证。传统数字水印中技术中主要采用个人识别码（PIN）、徽标图像（Logo）、伪随机二值序列等信息作为用户身份的唯一标识。但是，这些用于身份认证的水印信息通常存储于水印数据库中，通过主码与属性之间的一一映射关系建立与用户身份的唯一对应，水印数据本身与用户的身份之间并无本质联系。

生物特征数字水印技术，正是从这一点出发，将生物特征识别与数字水印技术进行有机结合。一方面，数字水印技术能够对生物特征数据的有效性进行认证，提高身份识别系统的安全性；另一方面，将生物特征数据引入传统的水印场景中，替代传统水印系统中的身份标识，从而可以直接通过水印信息对用户身份进行认证。

首先，对数字水印技术的一般框架、性能评价指标及不同应用场景下对于水印的性能需求进行介绍；然后，对于现有的生物特征水印技术进行分类介绍，并探讨不同应用场景中引入生物特征水印的目的及优缺点；最后，总结出生物特征水印与传统数字水印的区别，以及在生物特征图像保护及生物特征互嵌入场景中，对于水印嵌入及提取方法的特殊需求，为后续章节中开展生物特征水印方法的研究奠定基础。

2.2　数字水印技术概述

数字水印技术是多媒体信息安全研究领域中的一项新兴的信息隐藏技术，它的基本思想是在数字图像、文档、音频和视频等媒体中嵌入秘密的信息（水印），达到数字媒体的版权保护、来源可靠性认证和内容完整性验证等目的。根据数字水印系统中，作为载体（宿主）的数据类型不同，数字水印可以分为数字图像水印、音频水印、视频水印等。

一个典型的数字水印系统主要包含图 2-1 所示的两个过程。

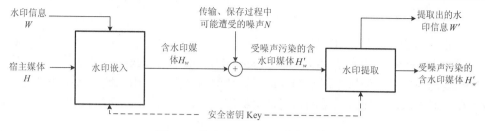

图 2-1　数字水印系统的整体框架

1）水印嵌入

水印编码端，通过特定的嵌入算法，在密钥 Key 的作用下，将水印信息 W 嵌入原始的宿主媒体 H 中，得到含水印媒体 H_w。

2）水印提取（或检测）

水印解码端，利用安全密钥 Key，利用特定的水印提取算法从可能噪声污染的含水印媒体 H'_w 中，提取出水印信息 W'。

按数字水印功能特性可以分为鲁棒水印和认证水印两类。鲁棒水印主要用于数字媒体（包括音频、视频及图像等）中的版权声明，利用该技术在数字媒体中嵌入版权信息，如创建者、所有者的标示信息，或者购买者的标示（即序列号）。在发生版权纠纷时，创建者和所有者信息用于证明媒体的所有者，序列号用于追踪发现为盗版提供多媒体数据的用户。用于版权保护的数字水印及鲁棒水印，要求有很强的鲁棒性和安全性，不仅能抵抗一般图像处理（如滤波、加噪声、替换及压缩等），还能抵抗一些恶意攻击。

认证水印主要是用来验证数字媒体内容的完整性，即数据是否遭到恶意篡改。认证水印技术根据不同的认证目的，对篡改的敏感性要求也不尽相同。一般来说，对数字媒体的操作可以分为两类：一类是非恶意篡改，例如，JPEG 压缩、增强、滤波或在存储或传输过程中受到轻微噪声污染，这些操作被认为是需要或者可接受的；另一类是恶意篡改，即改变数字媒体内容的操作，如剪切、替换部分区域及复制等，这类操作改变了数字媒体的原始信息，使数字媒体不再可信。

根据是否容忍内容保持操作，可以把现有的认证水印技术分为两大类：①脆弱水印，即精确认证，该类方法注重数字媒体的整体性，不允许对数据有任何修改；②半脆弱水印，即内容认证，该类方法主要用来检测数字内容是否遭到破坏。对内容保持操作，如有损压缩、图像增强、滤波等操作，检测时被认为是可接受的，而对内容改变操作敏感。在篡改检测的基础上，兼有恢复原始数据中的有用信息能力无疑将使其更具吸引力，称为自恢复水印方法。

2.2.1　鲁棒水印的性能评价指标

鲁棒水印的性能指标主要包括保真度指标及鲁棒性指标，即在具有保真度的前提下，具有较强的鲁棒性。

1. 保真度指标

该指标用于衡量嵌入水印后图像的质量，主要包括峰值信噪比（Peak Signal to Noise Ratio，PSNR）和结构相似性（Structural Similarity Index，SSIM）[1]等。其中，PSNR 是图像压缩等领域中用于图像质量评估的经典方法，引入数字水印领域之后，成为衡量嵌入水印后图像质量的客观评价标准，其定义为

$$\text{PSNR}(x, y) = 10 \cdot \lg \frac{(2^B - 1)^2}{\text{MSE}(x, y)} \tag{2-1}$$

式中，B 是每个采样值的比特数，MSE 是原图像与处理后图像之间的绝对均方误差，即

$$\text{MSE}(x, y) = \frac{1}{n} \sum_{i=1}^{n} (y_i - x_i)^2 \tag{2-2}$$

结构相似性指标是一种用于衡量两幅图像相似度的评价指标。当两幅图像之一为原始图像，另一幅为嵌入水印后的失真图像时，二者的结构相似性可以看成对数字水印算法保真度的评价。相较于传统的峰值信噪比，结构相似性在图像视觉品质的衡量上更符合人眼的判断[1]。

结构相似性的提出建立在自然图像是高度结构化的基础上，该方法认为自然影像中相邻像素之间具有很强的关联性，而正是这样的关联性承载了场景中物体的结构信息。对于给定的两个信号 x 和 y，其结构相似性定义为[1]

$$\text{SSIM}(x, y) = [l(x, y)]^\alpha \cdot [c(x, y)]^\beta \cdot [s(x, y)]^\gamma$$

$$l(x, y) = \frac{2\mu_x\mu_y + C_1}{\mu_x^2\mu_y^2 + C_1}, \quad c(x, y) = \frac{2\sigma_x\sigma_y + C_2}{\sigma_x^2\sigma_y^2 + C_2}, \quad s(x, y) = \frac{\sigma_{xy} + C_3}{\sigma_x\sigma_y + C_3} \tag{2-3}$$

式中，$\alpha > 0$，$\beta > 0$，$\gamma > 0$ 为调整 $l(x, y)$，$c(x, y)$，$s(x, y)$ 相对重要性的参数；μ_x 和 μ_y 以及 σ_x 和 σ_y 分别为 x 和 y 均值和方差；σ_{xy} 为 x 和 y 的协方差；C_1，C_2 和 C_3 为常数，用于维持 $l(x, y)$，$c(x, y)$ 和 $s(x, y)$ 的稳定。

从 SSIM 的定义可以看出以下几点。

（1）$l(x, y)$ 比较了 x 和 y 的均值，对应图像的亮度信息。

（2）$c(x, y)$ 比较了 x 和 y 的方差，对应图像的对比度信息。

（3）$s(x, y)$ 主要反映了 x 和 y 的协方差，对应图像的结构信息。

结构相似性值越大，代表两个信号的相似性越高。

为方便计算以及和其他方法的比较，本章在实验中均取 $\alpha = \beta = \gamma = 1$，$C_3 = C_2 / 2$，从而可得

$$\text{SSIM} = \frac{(2\mu_x\mu_y + C_1)(2\sigma_{xy} + C_2)}{(\mu_x^2 + \mu_y^2 + C_1)(\sigma_x^2 + \sigma_y^2 + C_2)} \tag{2-4}$$

通常在计算两幅图像的结构相似性时，会首先计算出具有 $N \times N$ 像素的局部窗口

内的结构相似性，然后以像素为单位滑动窗口，直至计算出整幅图像每个位置的局部结构相似性，得到一幅与原图中像素一一对应的结构相似性图（SSIM map）。将全部的局部结构相似性求平均值，即为两幅图像的平均结构相似性（MSSIM）。

2. 鲁棒性指标

由于水印算法对不同的图像处理操作具有不同的鲁棒性，难以通过原始图像与嵌入水印后图像之间的关系或水印算法参数等直接进行有效的建模，所以目前主要采用实验的方法对鲁棒性进行衡量。

采用不同的图像处理操作对含水印图像进行处理，根据从失真后图像中提取出的水印信息的完整性，对水印方法的鲁棒性进行评价。常用的评价指标有两种。

1）误比特率（Bit Error Rate，BER）

$$\mathrm{BER}(W,W') = \frac{1}{n}\|W \oplus W'\|_0 \qquad (2\text{-}5)$$

式中，$\|\cdot\|_0$ 为向量的 l_0-范数，即向量中非零元素的个数；n 为水印序列的长度（以比特为单位）。虽然误比特率的取值范围属于[0, 1]，但是由于水印信号为二值序列，所以当 BER 上升到 0.5 的时候，水印信息已遭受完全破坏，退化为随机噪声。

2）归一化相关系数（Normalized Cross-correlation，NC）

用于衡量提取出的水印信息与原始水印信息的相关性：

$$\mathrm{NC}(W,W') = \frac{W \cdot W'}{\|W\| \cdot \|W'\|} \qquad (2\text{-}6)$$

式中，$\|\cdot\|$ 为向量的 l_2-范数。

通常，为了便于计算，对水印信息进行如下映射 $w_i \in \{0,1\} \rightarrow w_i' \in \{-1,1\}$，从而有

$$\|W\| \cdot \|W'\| = \sqrt{\sum_{i=1}^{n} w_i^2 \cdot \sum_{i=1}^{n} (w_i')^2} = n \qquad (2\text{-}7)$$

最终，式（2-6）可重写为

$$\mathrm{NC}(W,W') = \frac{W \cdot W'}{n} = \frac{1}{n}\sum_{i=1}^{n} w_i \cdot w_i' \qquad (2\text{-}8)$$

显然，$\mathrm{NC} \in [-1,1]$，并且从失真后的含水印图像中恢复出的水印信号 W' 与原水印信号 W 的归一化相关系数越高，水印算法对于信号处理操作的鲁棒性就越好。

2.2.2 认证水印的性能评价指标

认证水印不仅要满足保真度指标，而且要具有很高的安全强度及定位精度。其中安全强度及定位精度指标描述如下。

1. 安全强度

和红杰[2]等在分析认证水印算法安全性时，引入了"成功伪造概率（success forgery probability）"的概念。为定量评估算法的安全性，和红杰等以像素为单位定义"成功伪造概率"，即攻击者利用特定的攻击方法，有目的篡改宿主图像的单位像素（导致图像特征改变）且能使篡改后的图像通过认证的概率。显然，"成功伪造概率"越小，算法越安全。作者给出数字图像认证水印算法的安全强度为

$$SS = \min\left(\log_2 \frac{1}{P_{|aA}} \right) \tag{2-9}$$

式中，$P_{|aA}$ 是认证水印算法在指定攻击 aA（assigned attack）方式下的成功伪造概率；min{·} 为取最小值函数。

2. 定位精度

篡改检测与定位是认证水印算法区别于鲁棒水印的最主要特征，定位精度也是评价认证水印算法最主要的准则，并且影响着对篡改目的的分析及后续的篡改区域恢复。定位精度取决于以下两个因素：定位篡改图像块的大小，图像块是数字认证水印系统进行篡改检测的最小单位（单像素定位型认证水印，可以认为图像块大小为 1×1），图像块越小，算法定位精度越高；虚警概率和漏警概率，理想情况下，虚警概率和漏警概率都为零。因此，只有同时满足定位篡改的单位较小，且虚警概率和漏警概率均较低的情况下，认证水印算法才具有较高的定位精度。

1）虚警概率

虚警概率最早用于目标检测中。由于噪声总是客观存在的，当噪声信号的幅度超过检测门限时，雷达（或其他检测系统）就会被误认为发现目标，这种错误称为"虚警"，它的发生概率称为虚警概率。

在认证水印系统中，定义在整幅图像中，处于正常区域的图像块被判定为篡改的概率。对特定篡改比的被测图像，虚警概率可以用被判定为篡改的真实图像块个数与图像中所有真实图像块个数的比来表示。计算公式为

$$P_{fr} = N_{VD} / (N_b - N_T) \tag{2-10}$$

式中，N_b 为整幅图像中被划分为图像块的个数，其中处在篡改区域中的图像块个数为 N_T；N_{VD} 为正常图像块被标记为篡改的个数。

2）漏警概率

由于噪声的干扰，目标的回波信号幅度可能低于检测门限，会被误判为没有目标，这种错误称为"漏警"，它的发生概率称为漏警概率。在认证水印系统中，是指处在篡改区域中的图像块，被认为正常图像块的概率，可以使用在篡改区域中，未被检测出来的篡改图像块个数与篡改区域中所有篡改图像块个数的比值来表示，具体计算公式为

$$P_{fa} = (N_T - N_{TD}) / N_T \tag{2-11}$$

式中，N_{TD} 为篡改区域中被检测出的图像块个数。

在认证系统中，篡改定位精度（虚警概率和漏警概率）一般由图像块所嵌入的认证水印的长度所决定。目前所提出的认证系统的认证水印一般有两种：一种是密钥生成的随机位或标识图像 Logo，另一种是由自身生成的水印信息。然后嵌入对应图像块内部。假设生成水印信息及嵌入水印信息分别为 $W' = \{w_1', w_2', \cdots, w_n'\}$ 和 $W^* = \{w_1^*, w_2^*, \cdots, w_n^*\}$，则在判别一个图像块是否遭受篡改时，需要比较 W' 和 W^* 是否相等，如果两者相等，则将该图像块标记为正常图像块，否则将两图像块标记为篡改图像块。因为 W' 和 W^* 是长度为 n 的二进制序列，对于每一位，即使图像块遭受到篡改，两者也存在 50% 的相等概率。因此，即使图像块遭受篡改，W' 和 W^* 相等的概率为 0.5^n，如果两者相等，则造成错误的检测结果。所以，n 值越大，相应地，W' 和 W^* 相等概率越小，即定位越精确。然而，对于给定的图像块，嵌入的水印位数越多，对图像造成的失真越大，故需要根据系统要求，在定位精度与图像质量之间达到一个折中。

2.2.3 认证水印的常见攻击类型

1. 强力攻击

强力攻击（brute force attack）[3]是针对密钥，采取多次尝试，试图破译出密钥的攻击。攻击者的目的在于获取与水印构造或隐藏有关的密钥，一旦密钥被发现，攻击者就很容易伪造一个合法的数字水印。

2. 黑盒攻击

黑盒攻击（oracle attack）[4]将认证系统看作一个黑盒，在测试图像完整性时，将测试图像提交给水印验证器，自动判别图像的完整性，并给出判断的结果，该过程称为黑盒验证。如果攻击者将测试图像提交给验证器，然后给出返回的判断结果，进行适当的修改，再次将修改后的图像提交给验证器，则通过提交-验证-修改-提交，这样循环的操作，从而达到伪造一幅合法的含水印图像的攻击，称为黑盒攻击。一般来说，黑盒攻击成功的概率和水印的安全强度相关，如果水印的安全强度高，则攻击者通过这种攻击方式不可能在能容忍的时间内伪造出合法的含水印图像。因此，抵抗黑盒攻击的方法，就是提高水印算法的安全强度。

3. 量化攻击

量化攻击是 Holliman 等[5]提出针对块独立水印算法的一种攻击。

定义 1 K 为给定密钥，如果下述公式成立：

$$D_k(X_i) = D_k(X_j) = W \tag{2-12}$$

则称图像块 X_i 和 X_j 是 K-等价，其中 D_k 是给定密钥 K 的水印提取函数。

分块独立的水印算法将原始图像 X 分成互不重叠的图像块 $\{X_1, X_2, \cdots, X_N\}$。对于每一个图像块 X_i，使用密钥 K_i 在其中嵌入水印图像块 W_i 得到 X_i'。X_i' 仅与原始图像块 X_i、被嵌入的水印块 W_i，以及嵌入密钥 K_i 有关。对于给定的密钥，把图像分为等价的类 $\{C_1, C_2, \cdots, C_m\}$，其中 m 是不相同水印信号的种类数。当使用相同密钥 K 的水印提取算法作用于等价类 C_i 时，将得到相同的水印信号。也就是说，如果 X_i' 和 Y_i' 是 K-等价，则用 Y_i' 替换 X_i' 后，经过水印的提取过程，将得到相同的水印信息，即检测不到篡改。假设已知水印图像 W，给出一个含水印图像 X 与一个原始图像 Y，希望把原始图像 Y，构造成含水印图像 Y'，该图像含有与 X 相同的水印：通过将含水印图像划分为不同的等价类 $\{C_1, C_2, \cdots, C_m\}$，然后对于 Y_i，对应要嵌入的水印 W_j，在等价类 C_j 中寻找与 Y_i 相似的 X_m。等价类图像块数量及大小决定着伪造图像质量。

4. 合谋攻击

合谋攻击是量化攻击的一种变形[6]，利用一组用同一密钥和水印嵌入的图像 $\{X^1, X^2, \cdots, X^m\}$，将一幅不含水印的图像，伪造成含水印的图像。设 X_r^k 表示第 k 幅图像中的第 r 个图像块，该组图像中所嵌入的水印相同，图像中相同位置（r 相同）中所嵌入的水印相同，故可知 $\{X_r^1, X_r^2, \cdots, X_r^m\}$ 是 K-等价的图像块。使用合谋算法，对每一个图像块从 $C_i = \{X_i^1, X_i^2, \cdots, X_i^m\}$ 中寻找 Y_i 的最佳近似 Y_i'，用 Y_i' 替代 Y_i，可以伪造成含水印的图像。

5. 移植攻击

移植攻击由 Barreto 等[7]提出。假设 X' 和 $\bar{X}'$ 为两个 HBC（hash block chaining）。$X_A' \to X_B'$ 代表着 X_B' 的 Hash 依赖于 X_A'。假设 X' 和 $\bar{X}'$ 有如下图像块：

$$\cdots \to X_A' \to X_D' \to X_B' \to X_C' \to \cdots$$

$$\cdots \to \bar{X}_A' \to \bar{X}_E' \to \bar{X}_B' \to \bar{X}_C' \to \cdots$$

X^* 为生成水印的图像信息，$X_A^* = \bar{X}_A^*, X_B^* = \bar{X}_B^*, X_C^* = \bar{X}_C^*$，但是 $X_D^* \neq \bar{X}_E^*$，那么 (X_D', X_B') 可以与 $(\bar{X}_E', \bar{X}_B')$ 对换，而不被检测到。

$$\cdots \to X_A' \to \bar{X}_E' \to \bar{X}_B' \to X_C' \to \cdots$$

$$\cdots \to \bar{X}_A' \to X_D' \to X_B' \to \bar{X}_C' \to \cdots$$

2.3 生物特征数字水印技术

一个典型的数字水印系统中，主要包含两种类型的数据：宿主和水印。通常情况下，宿主是水印保护的对象，在系统中占据主导地位。而在一些特殊的应用场合，宿主只是为了掩护水印数据的传输，水印则是隐秘通信系统所要传递的主要信息。根据生物特征数据在水印系统中所起到的作用，对现有生物特征水印方法及其应用场景进行分类（表 2-1），并在本节中进行详细的介绍和探讨。

表 2-1　生物特征数字水印方法分类

生物特征的作用	应用场景	代表性工作
水印	I. 作为身份标识 使用生物特征取代序列码、Logo 图标等传统标识，用于版权保护，数字权益管理（DRM），文件、证件的有效性认证	（1）Viehauer 等[8]将用户的签名特征嵌入数字文档作为不可见的电子签名，标识版权的同时，防止文档内容的伪造篡改 （2）Picard 等[9]将证件持有人的指纹特征嵌入证件的人脸图像实现证件防伪 （3）Canon 公司专利（US Patent: No. 2008/0025574），通过相机取景器采集摄影师的虹膜信息，并将其嵌入所拍摄的照片，作为图像版权标识
	II. 隐秘传输身份信息 将生物特征嵌入宿主信号进行隐秘传输。宿主作为水印信息的载体通常只起到掩护通信的作用	（1）Jain 等[10]将用户的真实指纹特征嵌入一幅随机生成的低质量虚假指纹图像。即便攻击者截获该指纹图像，也难以发现其中隐含的指纹特征水印 （2）Ye[11]等将虹膜特征隐藏在自然图像中进行隐秘传输
宿主	III. 来源可靠性认证 在生物特征中嵌入数据源信息（如采集生物特征的传感器硬件编号），防止伪造数据对系统的欺骗攻击	（1）Zebbiche 等[12]将指纹的细节点特征作为水印嵌入在原始指纹图像中。如果认证端提取出的水印能够和指纹图像中的特征相匹配，则证明数据来源的合法性 （2）Hong 等[13]将手机硬件编号作为水印嵌入在该设备采集的指纹图像中，标识生物特征数据的来源
	IV. 内容完整性认证 在生物特征中嵌入由图像自身内容生成的认证信息，检测在传输、存储的过程中是否遭受篡改，对篡改区域进行定位，甚至恢复篡改区域中的原始内容	（1）Yeung 等[14]最早将 IBM 公司的 Logo 作为脆弱水印模板嵌入指纹图像中。一旦该图像遭受任何修改，即可根据水印的失真情况判断出篡改区域 （2）Li 等[15]将人脸图像的 PCA 特征嵌入自身图像，在检测到篡改的情况下，使用未篡改区域的有效水印，对遭受篡改区域中的原始内容进行恢复

2.3.1　生物特征作为水印

1）作为身份标识

数字媒体的版权以及证件等物品的归属者认证，是数字水印技术的典型应用。传统水印方法通常使用序列号、图标等信息作为版权或防伪标识。然而，由于序列号等数据本身与用户的身份之间并无本质上的关联，通常需要由可靠第三方对水印数据库进行维护并在每次水印认证事务中提供检索，才能完成从水印到归属者身份的映射。这种基于数据库的间接关联，一方面增加了数据维护的负担，另一方面也给系统安全带来了更多的潜在威胁。在这种情况下，使用生物特征代替传统的序列号等数据作为身份标识水印的应用便应运而生。

签名特征作为传统纸质文档认证中最为常用的一种生物特征，最早被引入到数字媒体的版权及可靠性认证领域。2001 年，Viehauer 等[8]将用户的动态签名生物特征作为水印嵌入在数字文件之中，用于标识文件的所有权。基于同样的思想，Namboodiri 等[16]将手写签名特征以脆弱水印的形式嵌入在数字文档之中，用于内容完整性认证。该工作中签名水印被设计为完全脆弱模式，含水印文档的内容遭受任何程度的更改，都将会导致水印遭受破坏无法验证有效的作者信息，进而确认内容的完整性。此外，作者还提出了一种针对动态签名特征的编码方案，提高水印的编码效率与安全性。

在此之后，Low 等[17-19]将用户的手写签名图像作为水印嵌入在数字图像中，用于图像版权标识。使用离散小波域的 CDMA 扩频嵌入方法，提高水印信息对于噪声、压缩等不影响图像内容可靠性的意外失真的鲁棒性。当认证端需要确认数字图像的版权所有者时，即可从中提取签名水印进行身份认证。作者在水印的提取过程中，引入了 SVM 分类器对水印位进行判别，提高了水印在遭受噪声污染情况下的提取正确率。

Inamdar 等[20]同样将用户的手写签名图像作为水印嵌入在数字图像中，用于版权认证。作者在前人工作的基础上，对水印嵌入算法进行改进，使用双正交小波变换提高水印信息的鲁棒性。

Chang[21]等同样将在线采集的动态签名特征作为生物特征水印嵌入在数字文档之中。在检测文档完整性的同时进行签名验证，提供额外的安全性。最后通过实验分析了文档认证性能与水印检测性能。

虹膜作为目前身份识别精度最高的一种生物特征，使用该特征作为身份标识水印能够提供更可靠的认证结果，吸引了广泛的研究兴趣。Li 等[22]指出目前常用数字水印方法存在的主要问题是水印信息与版权所有者之间没有必然的联系，并提出了使用虹膜特征作为水印的信息隐藏方法。首先对数字水印技术和虹膜识别技术进行比较深入的分析和研究。在此基础上将二者结合，利用生物特征的唯一性和稳定性生成数字水印信号，从而综合了数字水印和生物识别二者的优势。

Khan 等[23]提出了一种基于混沌序列的水印加密方法，在将虹膜特征嵌入宿主图像之前，首先对水印信号进行混沌加密，相比传统的只在水印嵌入环节使用密钥随机选择嵌入位置的方法，具有更高的安全性。

Cancellaro 等[24]提出了一种将生物特征和密码系统相结合的数字水印技术。作者在该工作中使用密码技术，随机选择了小波包分解出的多个子频带完成水印嵌入。由于水印嵌入的位置由密码控制，所以增加了系统的整体安全性。Huber 等[25]将虹膜特征作为水印嵌入在虹膜图像自身之中，对生物特征数据的有效性进行认证。

作为应用最为广泛，采集设备最为经济的生物特征，指纹也被广泛用于数字媒体的版权保护。Hoang 等[26]提出一种针对数值特征的水印嵌入算法，将十进制的特征向量嵌入在指纹的重要性较高的位置，减少由于高优先级比特位的错误提取而造成的水印失真。

除了签名、虹膜、指纹三类生物特征之外，也有部分文献使用其他生物特征作为版权标识水印。Motwani 等[27,28]将合法用户的语音特征嵌入三维模型数据作为版权标识，实现对三维艺术品的数字权益管理。Chen 等[29]提出一种基于人脸水印的图像版权认证方法。将人脸图像的 PCA 特征调制成一维条形码的二值图像模式，并作为水印信息嵌入待保护的数字图像。版权认证阶段，提取出数字水印并进行条形码解码，重新获得人脸的 PCA 特征，继而通过人脸识别确立图像的版权所有者。该方法的创新之处在于，尝试使用条形码对水印数据进行调制-解调。虽然条形码自动识别技术对于噪声具有一定的鲁棒性，便于在水印遭受噪声干扰的情况下进行解码，但是由于将 PCA 数值特征转化为条形码的过程中，引入了大量的冗余信息，嵌入量的增大反而使每一位水印信息的可靠性都无法得到有效保障。条形码的优势仅在于方便激光扫描等光学设备从实体介质上读取数据，将其用于数字水印领域的做法有待进一步商榷。

最后，生物特征水印作为一种可靠的身份标识数据，除了用于多媒体文件的版权保护之外，还可以对证件等物件的所属人进行认证，防止伪造、篡改、盗用等欺骗攻击。Ferri 等[30]最早建议将用户的动态签名特征作为水印嵌入在智能身份证件当中，对持卡人身份的有效性进行认证。Ferri 指出数字水印的隐秘性强便于机器识读等特点，能够为证件防伪提供新的解决方案。

Picard 等[9,31]对适用于身份证明文件（如身份证、护照、驾驶执照）的防伪技术，如全息水印、二维条码、复制检测模式、数字水印等，进行了系统的研究，并建议将合法用户的生物特征以数字水印的形式存储于证件的人脸图像之中，防止证件被非法用户冒用、篡改或伪造。

Sasi 等[32]建议，在美国移民签证的人脸图像中嵌入游客的两种生物特征：虹膜特征和 DNA 序列。相关数据在旅客申请签证时，由当地的美国领事馆负责采集并记录在移民数据库。入关检查的时候，通过提取照片中的水印，与现场采集的用户生物特征进行对比，验证签证信息的有效性，从而在一定程度上杜绝了伪造证件及签证信息的不法分子给社会安全带来的潜在威胁。

Schimke 等[33]随后分析了生物特征证件在安全方面面临的机遇和挑战，建议将生物特征数字水印用于电子护照的防伪。Vielhauer[34]等建议将证件持有人的签名特征以数字水印形式嵌入在旅行证件之中，在不需要依赖网络或中央数据库的情况下，即可将从证件中提取的生物特征水印与现场采集的证件持有人的签名特征进行匹配，同时确定证件和持证人身份的合法性。

就应用目的而言，本类方法并不属于生物特征数据安全保护的范畴，主要是利用生物特征可以用于身份鉴别的特性，将其引入现有的数字水印应用场景替代传统的序列码、Logo 等水印模板。嵌入水印的目的仍然在于对数字媒体（照片、音乐、文档等）的版权进行认证，但相对于传统水印版权认证中嵌入随机序列的做法，本类技术更有效地利用了水印载荷的嵌入容量，实现了媒体数据和用户身份的紧密关联。

但是，由于水印的最终用途是为身份识别提供参考，应在客观条件允许的情况下，尽量使用识别精度较高的生物特征作为水印。使用语音信号等识别精度不高的生物特征作为水印，可能引发由于身份认证系统的错误接受而造成的版权纠纷。此外，非法用户为了去除版权标识，很可能会使用滤波、有损压缩等手段对含水印图像进行攻击。

Dong 等[35]曾通过实验证明，在遭受噪声干扰造成水印位失真的情况下，即便是认证最为精确的虹膜水印，识别性能也将大大降低。因而保证身份标识水印的鲁棒性尤为重要。为了提高水印数据的身份判别能力而增加水印嵌入量，却忽略了水印对于信号处理操作的鲁棒性，是一部分工作中存在的共同问题。相反地，文献[17]~[19]为了提高水印的鲁棒性而采用 CDMA 扩频算法，却限制了水印的容量，导致作为水印的生物特征维度较低，身份鉴别性较差。如何在嵌入量和鲁棒性之间寻找一个合适的折中点，是本类方法需要解决的一个重要难题。

2）隐秘传输身份信息

这一类方法的目的是将生物特征模板或原始数据嵌入在宿主图像中进行隐秘传输。这种情况下，针对生物特征数据的截获和篡改攻击可以得到一定程度上的解决，因为攻击者几乎无法察觉到隐秘数据的存在。这类生物特征水印的特性与信息隐藏的另一个分支——隐写术相似，相对于掩盖原始数据真实内容的加密技术而言，隐写术则是掩盖了原始数据的存在性。通常情况下，宿主的作用在于转移攻击者的注意力，掩护水印数据的隐秘传输，其本身的内容可能是无关紧要的。

Jain 等[10,36]将指纹特征作为水印嵌入不同类型的宿主图像（指纹、人脸、自然图像等）进行隐秘传输。该工作所提出的一个经典应用场景是，使用随机生成的低质量指纹图像作为用户真实指纹特征的载体，掩护该数据的隐秘传输。即便含水印指纹图像遭受非法截获，攻击者也会误认为系统本次通信的目的是传输指纹图像，而察觉不到其中隐含的真实指纹特征数据，如图 2-2 所示。

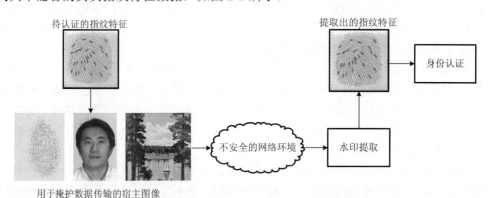

图 2-2　基于信息隐藏的指纹特征隐秘传输[23]

Lu 等[37]将用户的身份信息作为二值图像水印嵌入在掌纹图像的感兴趣区域（ROI）中作为数据可靠性标识，并将含水印的掌纹图像隐藏在自然图像中进行隐秘传输。相比传统基于隐写术的生物特征传输方法，该工作采用了基于混沌序列的加密水印对隐秘数据进行进一步的保护，提高了信息的安全性。

Khan 等[38]提出了一种基于混沌加密与信息隐藏相结合的生物特征数据隐秘传输方案。待传输的生物特征数据，根据由安全密钥生成的混沌序列嵌入载体图像中进行传输。该工作中，每次认证事务中所使用的密钥均由可靠第三方随机发放，因而即便含水印的合法图像遭到截获，该数据也会由于密钥的更换而被作废。

Bhatnagar 等[39]提出了一种鲁棒水印算法，用于保护在互联网环境中传输的生物特征数据的安全性。合法用户的人脸图像被嵌入在宿主特征的 SVD 域进行隐秘传输，保证隐秘数据不可见性的同时，由于特征值自身的稳定特性，也同时提高了水印信息的鲁棒性。

这类方法所面临的主要安全威胁是攻击者实施的未授权检测，判断截获的数据是否包含水印信息。一旦隐秘通信的意图暴露，即便攻击者无法破译信息的准确内容，仍可以将截获数据完全破坏，使系统无法正常工作。水印的不可见性在这种情况下就显得尤为重要。此外，由于生物特征模板，尤其是原始生物特征数据的信息量通常较大，对水印容量提出了较高的要求。以上两方面的因素对水印方法的鲁棒性有了较大的限制，因而使其对于噪声、压缩等意外失真较为敏感。此外，由于本类方法的主要目标在于实现生物特征数据的安全传输，水印技术和通信领域中现有的成熟方法相比优势并不明显。

2.3.2　生物特征作为宿主

生物特征数字水印的一项重要应用是将水印信息嵌入生物特征宿主对该数据的有效性进行保护和认证，进而保障生物特征识别系统的正常运行。根据 Dittmann 等的定义[40]，数据的有效性（authenticity）包含两方面的内容。

（1）来源的可靠性（originality），即数据是否来自于合法的数据源。

（2）内容的完整性（integrity），即数据在传输的过程中是否遭受篡改。

1）来源可靠性认证

通常情况下，即便是来源可靠的数据也可能在传输或存储的过程中遭受轻微程度的失真，因而为了保证方法的容错性，本类方法主要采用鲁棒水印技术在生物特征图像中嵌入数据源的相关信息（如采集指纹图像的传感器硬件编号），防止伪造数据对系统进行的欺骗攻击。

Satonaka[41]等最早于 2002 年提出了一种基于人脸识别的生物特征数字水印系统，将从人脸图像中提取的缩略图特征嵌入图像自身当中用于来源可靠性验证。认证端在接收到待测试人脸图像时，从中提取水印特征与图像中的人脸特征进行对比，如果二者形成匹配，则可证明图像数据中包含有效水印。虽然该工作所采用的水印嵌入方法较为简单，难以保证信息的鲁棒性，却较早地提出了数据源认证水印的概念，为该领域后续研究工作的开展指明了方向。

Kim 等[42]提出了一种基于数字水印的隐秘传输方案，将指纹图像从数据采集端传输到远程认证服务器。该系统在生物特征传感器的硬件系统当中集成了数字水印系统，在采集指纹图像的同时，将传感器的唯一标识嵌入其中作为数据来源标识。

近年来，随着移动通信技术的发展和智能终端的逐渐普及，越来越多生物特征技术被应用到移动平台上。相比传统的应用环境，在开放的移动通信网络中，数据的可靠性认证变得更加重要。Ghouti 等[43]分别针对互联网、移动设备（如手机、PDA）等开放平台下的生物特征数据，使用数字水印嵌入数据源认证信息，保证认证端数据的可靠性。Hong 等[13]为了认证手持移动设备所采集的指纹数据有效性，在将数据通过无线移动网络进行传输之前，将手机设备的编号作为水印嵌入其中，作为数据来源标识。Zebbiche 等[12]提出一种自适应的数字水印技术对指纹图像进行保护，在离散余弦变换（DCT）和离散小波变换（DWT）域将水印能量分配在指纹图像纹理信息丰富的脊线区域，提高了水印信息的不可见性和鲁棒性。Ko 等[44]和 Paunwala 等[45]针对需要在互联网环境中传输的生物特征图像数据，提出了基于数字水印的数据来源认证，不仅可以在保证认证端接收到的数据的有效性，而且对于开放的网络环境中存在的泄露生物特征数据，还可提供数据追踪。

Zebbiche 等[46]将提取出的指纹细节点特征作为水印嵌入原始指纹图像，用于数据合法性验证。对于合法数据，提取出的细节点水印应与从图像中重新提取的细节点特征完全匹配；而非法数据由于不含有效水印，从中提取的无效模式将无法与宿主图像相匹配。作者进一步在文献[12]~[49]中对水印检测算法进行改进，利用离散小波系数服从广义高斯分布的特性，提出了一种基于最大似然和尼曼-皮尔逊准则的水印检测器，降低水印信息的错误检测率，并且利用区域分割算法将水印嵌入在指纹图像的脊线区域，保证信息的鲁棒性及不可感知性。

总体而言，本类方法是传统印刷领域的防伪水印在生物特征应用中的延伸，对于防止非法数据对生物特征系统的欺骗攻击有着重要的意义。但是，现有方法中普遍存在的问题是，直接将已有的图像版权保护领域中的数字水印技术照搬到生物特征图像上[12-49]，并且采用图像视觉质量的评价方式（如 PSNR）对水印引入的失真进行衡量[13]。一方面会导致水印方法难以与生物特征图像的特性（如虹膜图像丰富的纹理结构、指纹图像的纹线结构）相契合，影响水印的鲁棒性与保真性；另一方面我们认为，宿主图像失真程度的评价，应与原始数据在实际应用中的作用相结合。生物特征数据主要用于身份识别，其最重要的是可判别特征的程度，而不是图像的视觉质量。将识别性能与视觉质量结合起来进行考虑，才能更好地对宿主生物特征的失真程度进行评价[50]。

2）内容完整性认证

在远程生物认证时，生物图像在传输过程中，可能遭受非法者的恶意篡改；另外，存入本地数据库中的生物模板，也可能遭受恶意攻击者的篡改，进而造成认证失败或错误认证。所以在认证前需要进行图像的完整性认证，只有通过认证的图像才能用于身份鉴别。一般情况下，通过生物图像自身生成认证信息或者其他信息，再嵌入自身进行完整性认证。作为本类方法的代表工作，Yeung 等[14]最早于 2000 年将数字水印技术引入到生物特征数据保护领域，在不影响指纹图像细节点特征的前提下，将脆弱水印模板嵌入其中，实现内容完整性认证。

Li 等[15]提出一种认证水印方法保护生物特征图像的内容显著区域。首先，提出一种新型的多层次认证水印策略，用于验证生物特征图像的完整性。其次，宿主人脸图像的 PCA 特征被用于水印信息，一旦在完整性验证步骤中检测到图像篡改，便可以利用未篡改区域中的水印信息对篡改区域中的原始内容进行恢复。如图 2-3 所示，认证端根据提取出的水印模式的失真情况，实现对人脸图像内容的积极取证。

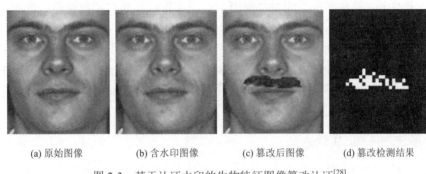

　　(a) 原始图像　　　　　 (b) 含水印图像　　　　　(c) 篡改后图像　　　　 (d) 篡改检测结果

图 2-3　基于认证水印的生物特征图像篡改认证[28]

鉴于指纹识别在生物特征领域的广泛应用，指纹图像的保护问题受到很多学者的关注。Ratha 等[51]指出数据的来源可靠性和内容完整性认证，是保证生物特征识别系统安全性的关键。该工作提出了一种脆弱水印算法，将认证信息嵌入在待验证的指纹图像之中，实现对指纹生物特征的内容可靠性认证。Uludag 等[52,53]将一种基于像素灰度值调幅的水印嵌入方法[54]引入指纹水印应用场景，尝试在不影响指纹判别特征的前提下完成水印信息的嵌入。Ahemed 等[55,56]提出了一种基于相位编码的数字水印指纹模板的保护和验证的技术，从一维傅里叶相位中提取原始指纹图像的签名，并使用扩频方法将其嵌入指纹图像，实现对图像内容的保护和认证。该工作的主要创新是根据人眼视觉特性，对宿主指纹图像的感兴趣区域（ROI）及背景区域（ROB）进行区分，并根据两种区域纹理信息的丰富程度，自适应地调整水印嵌入强度。Ratha 等[57]提出一种针对 FBI 所使用的 WSQ（wavelet scalar quantization）指纹图像压缩格式的认证水印算法，对大规模数据库中的指纹数字图像进行保护。但是该方法过于依赖 WSQ 的特殊存储格式，即便是不影响图像内容的格式转换操作也会造成水印信息的完全损坏。

Lim 等[58]提出了一种用于生物特征图像保护的脆弱水印算法，在验证图像完整性的同时，能够实现对宿主图像遭受篡改的区域进行定位，为推测图像的原始内容及后续的取证事宜提供参考。Kim 等[59]提出使用一种自适应的脆弱水印算法，将认证信息嵌入在指纹图像的脊线位置，由于该区域具有丰富的纹理及噪声掩蔽特性，所以减少了水印对于指纹判别特征的影响。Ahmed 等[60]将传统认证水印的思想，引入到指纹生物特征图像的保护领域。从原始指纹图像的傅里叶变换系数中提取唯一标识图像特性的"签名"信息，并作为认证水印嵌入自身图像当中。在认证阶段，重新生成签名并与提取出的水印签名进行对比，判别内容的有效性。

Lee 等[61]提出了一种脆弱水印方法，使用基于密钥的 Hash 函数从原始生物特征图像中提取签名信息并嵌入自身进行内容完整性认证。在人脸、指纹和虹膜三种生物特征图像上进行的测试实验，证明了该方法能够有效地检测宿主生物特征数据所遭受的篡改。

总体而言，目前基于数字水印的生物特征图像内容保护技术，更多的只是传统数字水印技术在生物特征图像上的直接应用。由于生物特征数据的特殊性，针对自然图像开发的数字水印技术不一定完全适用于生物特征图像。现有技术在水印嵌入过程中，没有结合生物特征图像性质，并且仍然仅采用传统的图像质量评价标准（如 PSNR 等）衡量水印对生物特征图像造成的失真，很少考虑水印嵌入操作对生物特征图像中判别特征的影响。如何根据不同类型的生物特征图像自身的特点设计水印嵌入算法，是迫待解决的实际问题。

2.3.3　多生物特征互嵌入

除了前面探讨的单独使用生物特征作为宿主或水印的方法，生物特征数据也可以同时作为宿主和水印，这类混合的方法称为生物特征互嵌入。对于常用的生物特征包括：人脸、指纹、虹膜、掌纹、签名、声音等，每一种都存在其本身的缺陷。多生物认证技术是融合两种或两种以上的生物特征来鉴别人的身份，可以有效提高系统的适用性和识别精度，成为目前研究的热点。然而，在相应的生物特征数据库中，需要为每个人存储两种生物特征图片；或者在远程认证系统中，在客户端需要将两幅图片同时传出，造成传输错误概率增大，并增加了网络负担。作为数字水印技术，可以将一种生物特征数据嵌入另一种生物图像内部，一方面，能够有效地将两种生物特征数据进行关联，如果宿主遭受篡改，则可通过水印的失真得到认证；另一方面，使用一张图片即可实现多生物认证，减少数据存储及网络传输负担的同时，能够提高宿主的识别率。

根据如上两种应用目标，可以将多生物特征互嵌入分为以下两类。

1）宿主与水印相互保证数据可靠性

Kim 等[62]提出了一种用于多模态生物特征识别系统的数据可靠性验证方案。在使用人脸与指纹进行身份识别的远程多生物特征认证系统中，将低分辨率的人脸缩略图作为水印嵌入指纹图像中，并将原始的人脸图像和含水印的指纹图像通过网络传输到认证端。为确认数据的有效性，该工作在执行身份认证之前，首先提取水印，通过验证该人脸模式是否遭到损坏，确定宿主指纹图像内容的可靠性。

　　Noore 等[63]将用户的身份信息转化为二值图像水印，与人脸图像一同嵌入用户的指纹图像。一方面，通过提取水印对指纹图像的有效性进行验证；另一方面，将人脸图像隐藏于宿主图像中，也可增强人脸模板的安全性。

　　Vatsa 等[64]提出了一种基于离散小波变换域最低位平面（DWT-LSB）的嵌入方法，将人脸图像嵌入指纹图像，达到认证数据有效性的目的。作者引入 SVM 分类器进行水印提取，提高人脸图像的恢复质量。由于含水印图像的小波系数最低有效位对于常规图像处理操作非常敏感，一旦指纹图像遭受篡改、替换等恶意攻击，认证系统将无法从中提取出有效的人脸水印，从而判定数据的非法性。此外，由于人脸图像的数据量较大，限制了嵌入方法的鲁棒性，隐含的水印信息难以承受有损压缩等不影响图像内容的正常处理操作。Vatsa 等在文献[65]中对以上工作进行改进，提取人脸图像的二维 Gabor 特征作为人脸水印模板，有效地降低了数据量，从而允许更高的嵌入强度，将水印信息分布在指纹图像 DWT 域的次低位平面，提高了对噪声等意外失真的鲁棒性。

　　Chin 等[66]提取人脸图像的 PCA 特征作为水印，并使用小波包变换将其嵌入指纹图像中。含水印的指纹图像，被植入智能卡的芯片之中，用于证件合法性验证。该方法使用水印集成了多种生物特征，使伪造证件替换合法证件人脸图像等恶意造假攻击在一定程度上得到解决。但是，由于指纹图像的辨识需要较高的专业知识及观察能力，将其用于证件防伪并不如人脸、签名等便于工作人员识别的生物特征。使用 PCA 特征作为人脸水印，对水印嵌入及提取设备的计算及存储性能提出了较高的要求。以上两点很大程度上限制了该方法的实用价值。

　　Park 等[67]将虹膜特征作为水印信息嵌入人脸图像中，用于图像数据来源认证。一方面，来源不明的伪造人脸图像不包含有效水印，可以通过提取虹膜水印得到验证；另一方面，如果数据库中的人脸图像泄露并被用于非法用途，其中的虹膜水印也可提供数据源信息，防止由于数据丢失而造成的进一步损失。

　　Komninos 等[68]为了保护多生物特征数据库中的数据免遭篡改、替换攻击，使用数字水印实现不同类型生物特征之间的相互关联。该方法将指纹特征作为水印嵌入人脸图像的同时，将人脸特征作为水印嵌入数据库中的指纹图像。任何一种生物特征数据发生了变更，即会导致与另一种生物特征中所包含的水印信息不一致。因而攻击者为了达到欺骗系统的目的，必须同时伪造并替换两种含水印的生物特征数据。Bartlow 等[69]将语音特征利用调幅水印方法嵌入虹膜图像中，并将含水印的虹膜图像进行非对称加密后传输至接收端。作者指出在这种情况下，即便加密数据遭受截获与破解，系统也可以通过其中的语音水印，对数据来源进行认证，避免造成更大的损失。

　　总的来说，本类方法有效地将两类生物特征数据通过数字水印技术进行结合。在使用水印生物特征对宿主数据的来源及内容有效性进行认证的同时，宿主生物特征也对水印信息起到保护作用。我们提出采用生物特征作为水印的主要优势是，该信息与用户身份之间存在天然的内在联系。但是，大多数方法仅强调水印对宿主生物特征的保护作用[65,67,69]，却忽略了对水印生物特征中身份信息的进一步利用。这种情况下，使用生物特征作为水印的意义并不明确[23]，因为采用传统的数字水印也能够实现对宿主生物特征图像的保护。

2）多模态生物特征识别

2003年，Jain等[10]提出了一种使用指纹细节点特征作为水印嵌入人脸图像进行隐秘传输的应用场景。在认证服务器端，从人脸图像中提取出指纹水印与宿主进行融合多生物特征识别，提高认证精度。Vatsa等[70]提出了一种基于冗余离散小波变换（RDWT）的多模态生物特征水印方法，将语音信号的MFCC特征作为水印嵌入彩色人脸图像中。在生物特征认证阶段，提取出的语音水印与宿主人脸图像分别被用于语音识别和人脸识别，并将其结果在分数层进行融合，实现多生物特征认证，提高系统的识别精度。Khan等[23]提出了一种多生物特征模板保护算法，将指纹特征模板隐藏到语音数据中。该方法将指纹特征进行混沌加密之后生成水印，嵌入在音频信号的非均匀采样离散傅里叶变换域（NDFT）。身份认证阶段，提取指纹特征与语音宿主融合，实现多模态生物特征认证，提高识别准确率。Sun等[71]使用生物特征数字水印技术将两种手部信息（掌纹和指节纹）进行结合。掌纹图像具有较高的分辨率，被选择作为宿主图像，指节纹作为水印。为掌纹图像提供一种数据认证机制的同时，将两种便于采集的手部生物特征进行融合识别，达到理想的识别精度。

基于水印的多生物特征认证技术，并不局限于两种不同的生物特征，可以是三种甚至更多类型。Giannoula等[72]将用户的语音和虹膜特征同时作为水印嵌入指纹图像的小波分解系数上，将三种生物特征绑定为一个模板，降低数据维护代价的同时，可以达到三种生物特征融合识别的目的，进一步提高身份结果的可靠性。

多模态并不局限于不同种类生物特征之间的交叉嵌入，同种生物特征具有互补信息，也可相互融合提高识别率，例如，二维人脸图像和三维人脸模型，动态签名特征和静态签名图像。Maiorana等[73-75]对基于签名的多生物特征进行系统的研究，将动态签名特征作为水印嵌入在静态签名图像的Radon变换域。含水印的签名图像可以存放在专门的签名数据库，或者用户随身携带的智能卡上。在身份认证阶段，可以在线采集用户的签名，并与注册图像模板进行比较。对于安全要求较高的认证场合，可以进一步提取签名图像中隐藏的动态签名特征，与现场采集的用户动态签名进行对比，只有在两类特征均得到匹配的情况下，才通过身份认证申请。

总体而言，本类生物特征水印方法，使用一张含水印的宿主图片即可实现多生物认证，通过融合识别提高系统的识别性能。但是，现有方法的一个共同缺点是均对数据内容的可靠性提出了假设[10,70,73,76]，认为系统获得的输入数据均是合法有效的，因而忽略了水印检测的步骤，直接使用提取出的信息与宿主进行融合识别。尽管在系统未遭受任何攻击的情况下能够提高识别性能，本类方法却并未对数据的有效性进行认证，实质上没有为系统安全提供额外的保障。鉴于多生物特征水印的两类方法在功能上的互补性，如果将二者进行有效结合，则使用水印生物特征验证数据有效性之后进一步挖掘，并利用其中的身份信息与宿主进行多生物特征融合识别，应能更好地发挥多生物特征互嵌入技术的优势。

2.4　本 章 小 结

随着生物特征认证技术的发展，如何利用数字水印保护生物特征图像已成为当前的研究热点，但一些关键问题仍待解决。本章根据应用场景的不同，对生物特征水印技术的研究现状进行详细的介绍和探讨。总体而言，生物特征水印技术经过多年的研究已经取得较大的进展，但现有方法仍然存在迫待解决的问题。

1）没有针对生物特征宿主图像的特性设计水印嵌入算法

绝大多数现有的生物特征数字水印方法，只是将数字水印中针对自然图像的嵌入方法照搬到生物特征数据之上，并未结合生物特征图像自身的特性。对于指纹、虹膜等纹理特征丰富的宿主图像，几乎没有考虑如何选择合适的嵌入区域和强度才能不对其判别特征造成影响。

2）没有考虑生物特征水印的特殊性

从水印检测算法的角度而言，生物特征水印与传统的 PIN、Logo 图像等水印的一个典型的区别是，每种模态的生物特征数据均具有某些共同特征（如人脸水印中具有位置相对固定的五官，指纹水印中的细节点，呈现弓、环、螺旋形等特殊分布）。但是，现有的生物特征水印方法，仍然采用传统水印技术中基于归一化相关系数的检测方法，未针对生物特征共同的统计特性设计更为有效的水印检测方案。

3）并未充分发挥生物特征互嵌入的优越性

现有的多生物特征互嵌入水印方法，均未对隐含在宿主图像中的生物特征水印信息进行充分的利用。其根本原因是技术上难以解决，生物特征水印鲁棒性与信息容量之间的相互制约问题。

在数据有效性认证场景中，对于水印信息的鲁棒性有较高要求。在优先考虑水印鲁棒性的前提下，水印算法的嵌入容量受到极大的限制，难以实现传统的用于身份认证的生物特征模板的嵌入。因而只能嵌入压缩或降采样后的简单模板（如 10×10 的人脸图像）。但是，这些精简特征能够提供的判别信息有限，除了认证数据有效性之外，难以通过传统的生物特征识别算法进一步挖掘其中的身份信息。

相反地，在多生物特征认证场景中，生物特征数字水印的作用是传输足够多的身份信息，通过与宿主生物特征的融合身份识别提高系统识别率。所以，水印算法的嵌入容量被放在首要地位，导致水印信息的鲁棒性难以得到保证。因此，该类方案只能假设应用在可靠的传输或存储环境中，含水印图像不太可能遭受噪声的污染。该假设极大地限制了算法的应用场景，使用数字水印对生物特征系统安全性的提升意义有限。

　　根据如上分析，本书总结出生物特征水印技术区别于传统数字水印的特点，以及在使用生物特征图像中作为宿主或水印的情况下应该考虑的问题。

　　1）生物特征作为宿主图像

　　与一般的自然图像不同，生物特征宿主图像的作用是身份识别。水印的嵌入，不应对宿主图像的实际应用价值造成影响。因而，除了图像的视觉质量之外，嵌入水印前后，图像中的身份判别特征也应得到较好的保留。所以，本书主张在水印嵌入过程中，需要结合图像不同区域内的判别特征的重要性设计水印算法。

　　2）生物特征作为水印

　　生物特征水印作为一种隐含在宿主图像中的身份标识，需包含尽可能多的判别信息。然而，从水印算法的性能角度出发，为了保证水印信息的鲁棒性，需要尽可能地降低特征容量。从这个角度出发，生物特征互嵌入水印的性能要求，介于以信息容量为重的信息隐藏和以鲁棒性为重的版权保护水印之间。

　　其次，从水印检测的角度而言。传统的数字水印，一般为个人识别码、徽标图像等随机生成或人为设计的模式。分配给不同用户的不同水印模板之间，几乎不具备共同特征（少数采用水印模板概率分布实现检测的 One-bit 水印除外）。水印检测过程中，若不知道待测图像中可能包含哪种水印模板，则需要将其与数据库中的所有水印进行一一比对。但是在生物特征水印的场景中，由于水印具有共同特性，可以采用模式判别方法进行水印的盲检测：将判断"图像中是否包含某个水印模板"的水印检测问题转化为判断提取出的信息"是否为有效的生物特征模式"的分类问题。

　　3）生物特征互嵌入

　　在生物特征互嵌入的场景下，宿主与水印均为生物特征数据，应同时考虑如上两点。

　　此外，相比于传统的水印，生物特征水印的主要优势是该数据本身蕴涵着用户的身份信息。尽管由于嵌入容量的限制，水印生物特征的复杂程度和可判别性有限，但水印所能提供的辅助身份信息却远比身高、性别等弱生物特征要丰富。在多生物特征融合识别系统中，即便是弱生物特征，已被研究证明能够通过与指纹、虹膜等精确生物特征融合，有效提高身份认证的精度[77-79]。因而，如何对生物特征水印中的身份信息进行有效的利用，是生物特征水印算法应该考虑的重要内容之一。

参 考 文 献

[1] Wang Z, Bovik A C, Sheikh H R, et al. Image quality assessment: from error visibility to structural similarity[J]. IEEE Transactions on Image Processing, 2004, 13(4): 600-612.

[2] 和红杰. 数字图像安全认证水印算法及其统计检测性能分析[博士学位论文]. 成都: 西南交通大学, 2008.

[3] Li S J, Zheng X. On the security of an image encryption method[C]. Proceedings of the 2002 IEEE International Conference on Image Processing, 2002: 925-928.

[4] Wu J H, Zhu B B, Li S P, et al. Efficient oracle attacks on Yeung-Mintzer and variant authentication schemes[C]. ICME, 2004: 931-933.

[5] Holliman M, Memon N. Counterfeiting attacks on oblivious block-wise independent invisible watermarking schemes[J]. IEEE Trans on Image Processing, 2000, 3(9): 432-441.

[6] Fridrich J, Goljan M, Memon N. Cryptanalysis of the Yeung-Mintzer fragile watermarking technique[J]. Electronic Image, 2002, 11: 262-274.

[7] Barreto P S L M, Kim H Y, Rijmen V. Toward secure public-key block-wise fragile authentication watermarking[J]. IEE Proc Vision Image Signal Process, 2002, 148(2): 57-62.

[8] Vielhauer C, Steinmetz R. Approaches to biometric watermarks for owner authentification[C]. Proceedings of SPIE, 2001: 209.

[9] Picard J, Vielhauer C, Thorwirth N. Towards fraud-proof ID documents using multiple data hiding technologies and biometrics[J]. SPIE Proceedings–Electronic Imaging, Security and Watermarking of Multimedia Contents VI, 2004: 123-234.

[10] Jain A K, Uludag U. Hiding biometric data[J]. IEEE Transactions on Pattern Analysis and Machine Intelligence, 2003, 25(11): 1494-1498.

[11] Ye X. Bit-stream based iris features data hidden method[J]. Computer Engineering, 2008, 34(5): 182-184.

[12] Zebbiche K, Khelifi F, Bouridane A. An efficient watermarking technique for the protection of fingerprint images[J]. EURASIP Journal on Information Security, 2008: 4.

[13] Hong S, Kim H, Lee S, et al. Analyzing the secure and energy efficient transmissions of compressed fingerprint images using encryption and watermarking[A]. International Conference on Information Security and Assurance (ISA), 2008: 316-320.

[14] Yeung M M, Pankanti S. Verification watermarks on fingerprint recognition and retrieval[J]. Journal of Electronic Imaging, 2000, 9: 468.

[15] Li C, Ma B, Wang Y, et al. Protecting biometric templates using authentication watermarking[C]. Advances in Multimedia Information Processing-PCM 2010, 2010: 709-718.

[16] Namboodiri A M, Jain A K. Multimedia document authentication using on-line signatures as watermarks[C]. Security, Steganography and Watermarking of Multimedia Contents VI, San Jose California, 2004: 653-662.

[17] Low C Y, Teoh A B J, Tee C. Support vector machines (SVM)-based biometric watermarking for offline handwritten signature[J]. IEEE Conference on Industrial Electronics & Applications, 2008: 2095-2100.

[18] Low C Y, Teoh A B J, Tee C. Fusion of LSB and DWT biometric watermarking for offline handwritten signature[C]. Congress on Image and Signal Processing (CISP'08), 2008: 702-708.

[19] Low C Y, Teoh A B J, Tee C. A preliminary study on biometric watermarking for offline handwritten signature[C]. IEEE International Conference on Telecommunications and Malaysia International Conference on Communications (ICT-MICC), 2007: 691-696.

[20] Inamdar V S, Rege P P, Arya M S. Offline handwritten signature based blind biometric watermarking and authentication technique using biorthogonal wavelet transform[J]. International Journal of Computer Applications IJCA, 2010, 11(1): 24-28.

[21] Chang H. Fragile watermark document authentication based on dynamic handwritten signature [J]. Microcomputer Information, 2010, 26: 91-93.

[22] Li F, Wang S, Yuan W. Digital Watermarking Based on Iris Features[M]. Berlin: Springer, 2009.

[23] Khan M, Zhang J, Tian L. Protecting biometric data for personal identification[C]. Advances in Biometric Person Authentication, 2005: 121-191.

[24] Cancellaro M, Carli M, Egiazarian K, et al. Secure access control to hidden data by biometric features[C]. Proceedings of SPIE, 2007: 65790M.

[25] Huber R, Gner H S O, Uhl A. Semi-fragile Watermarking in Biometric Systems: Template Self-embedding[M]. Berlin: Springer, 2011: 34-41.

[26] Hoang T, Tran D, Sharma D. Bit priority-based biometric watermarking[C]. International Conference on Communications and Electronics (ICCE), 2008: 191-195.

[27] Motwani R C. A Voice-Based Biometric Watermarking Scheme for Digital Rights Management of 3D Mesh Models[D]. Reno: University of Nevada, 2010.

[28] Motwani R C, Dascalu S M, Harris F C. Voice biometric watermarking of 3D models[J]. International Conference on Computer Engineering & Technology, 2010: 2-632.

[29] Chen C H, Chang L W. A digital watermarking scheme for personal image authentication using eigenface[C]. Advances in Multimedia Information Processing (PCM), 2005: 410-417.

[30] Ferri L C, Mayerhoefer A, Frank M, et al. Biometric authentication for ID cards with hologram watermarks[C]. Proceedings of SPIE, 2002: 629.

[31] Picard J. Digital authentication with copy-detection patterns[C]. Proceedings of SPIE, 2004: 176.

[32] Sasi S, Tamhane K C, Rajappa M B. Multimodal biometric digital watermarking on immigrant visas for homeland security[C]. Proceedings of SPIE, 2004: 425.

[33] Schimke S, Kiltz S, Vielhauer C, et al. Security analysis for biometric data in ID documents[C]. Proceedings of SPIE, 2005: 474-485.

[34] Vielhauer C. Handwriting biometrics: issues of integration in identification documents and sensor interoperability[J]. Journal of Electronic Imaging, 2006, 15: 41103.

[35] Dong J, Tan T. Effects of watermarking on iris recognition performance[C]. International Conference on Control, Automation, Robotics and Vision (ICARCV), 2008: 1156-1161.

[36] Jain A K, Uludag U. Hiding fingerprint minutiae in images[C]. Proceedings of AutoID, 2002: 97-102.

[37] Lu Y, Li X, Qi M, et al. Lossless and content-based hidden transmission for biometric verification[C].

International Symposium on Intelligent Information Technology Application, 2008: 462-466.

[38] Khan M K, Zhang J, Tian L. Chaotic secure content-based hidden transmission of biometric templates[J]. Chaos, Solitons & Fractals, 2007, 32(5): 1749-1759.

[39] Bhatnagar G, Jonathan W Q M, Raman B. Biometric template security based on watermarking[J]. Procedia Computer Science, 2010, 2: 227-235.

[40] Dittmann J, Steinebach M, Ferri L C, et al. Framework for media data and owner authentication based on cryptography, watermarking, and biometric authentication[J]. SPIE Multimedia Systems and Applications IV, 2001: 198-209.

[41] Satonaka T. Biometric watermarking based on face recognition[C]. Proceedings of SPIE, 2002: 641.

[42] Kim H, Lee S, Moon D, et al. Energy-efficient transmissions of fingerprint images using both encryption and fingerprinting techniques[J]. Advanced Intelligent Computing Theories and Applications, 2007: 858-867.

[43] Ghouti L, Bouridane A. Data hiding in fingerprint images[C]. European Signal Processing Conference, 2006.

[44] Ko J G, Moon K Y. Biometrics security scheme for privacy protection[C]. Advanced Software Engineering and Its Applications (ASEA), 2008: 230-232.

[45] Paunwala M C, Patnaik S. Biometric template protection with robust semi-blind watermarking using image intrinsic local property[J]. International Journal of Biometrics and Bioinformatics (IJBB), 2011, 5(2): 28.

[46] Zebbiche K, Ghouti L, Khelifi F, et al. Protecting fingerprint data using watermarking[C]. First NASA/ESA Conference on Adaptive Hardware and Systems (AHS), 2006: 451-456.

[47] Zebbiche K, Khelifi F, Bouridane A. Maximum-likelihood watermarking detection on fingerprint images[C]. ECSIS Symposium on Bio-inspired, Learning and Intelligent Systems, 2007: 15-18.

[48] Zebbiche K, Khelifi F, Bouridane A. Optimum detection of multiplicative-multibit watermarking for fingerprint images[J]. Advances in Biometrics, 2007: 732-741.

[49] Zebbiche K, Khelifi F. Region-based watermarking of biometric images: case study in fingerprint images[J]. International Journal of Digital Multimedia Broadcasting, 2008: 13.

[50] Ma B, Li C, Wang Y, et al. Block pyramid based adaptive quantization watermarking for multimodal biometric authentication[C]. International Conference on Pattern Recognition (ICPR), 2010: 1277-1280.

[51] Ratha N K, Connell J H, Bolle R M. Enhancing security and privacy in biometrics-based authentication systems[J]. IBM Systems Journal, 2001, 40(3): 614-634.

[52] Uludag U, Gunsel B, Ballan M. A spatial method for watermarking of fingerprint images[C]. International Workshop on Pattern Recognition in Information Systems, 2001: 26-33.

[53] Gunsel B, Uludag U, Murat T A. Robust watermarking of fingerprint images[J]. Pattern Recognition, 2002, 35(12): 2739-2747.

[54] Kutter M, Bossen F. Digital watermarking of color images using amplitude modulation[J]. Journal of

Electronic Imaging, 1998, 7(2): 326-332.

[55] Ahmed F. Integrated fingerprint verification method using a composite signature-based watermarking technique[J]. Optical Engineering, 2007, 46: 87005.

[56] Ahmed F, Selvanadin M K B. Fingerprint reference verification method using a phase-encoding-based watermarking technique[J]. Journal of Electronic Imaging, 2008, 17: 11010.

[57] Ratha N, Figueroa-Villanueva M, Connell J, et al. A secure protocol for data hiding in compressed fingerprint images[J]. Biometric Authentication, 2004: 205-216.

[58] Lim J, Lee H, Lee S, et al. Invertible watermarking algorithm with detecting locations of malicious manipulation for biometric image authentication[J]. Advances in Biometrics, 2005: 763-769.

[59] Kim T, Chung Y, Jung S, et al. Secure remote fingerprint verification using dual watermarks[J]. Digital Rights Management. Technologies, Issues, Challenges and Systems, 2006: 217-227.

[60] Ahmed F, Moskowitz I S. Composite signature based watermarking for fingerprint authentication[C]. The 7th Workshop on Security, 2005: 137-142.

[61] Lee H, Kim S, Lee J, et al. Reversible watermarking with localization for biometric images[C]. International Conference on Control, Automation, Robotics & Vision, 2008: 1590-1594.

[62] Kim W, Lee H. Multimodal biometric image watermarking using two-stage integrity verification[J]. Signal Processing, 2009, 89(12): 2385-2399.

[63] Noore A, Singh R, Vatsa M, et al. Enhancing security of fingerprints through contextual biometric watermarking[J]. Forensic Science International, 2007, 169: 188-194.

[64] Vatsa M, Singh R, Noore A. Improving biometric recognition accuracy and robustness using DWT and SVM watermarking[J]. IEICE Electronics Express, 2005, 2(12): 362-367.

[65] Vatsa M, Singh R, Noore A, et al. Robust biometric image watermarking for fingerprint and face template protection[J]. IEICE Electronics Express, 2006, 3(2): 23-28.

[66] Chin S W, Ang L M, Seng K P. A new multimodal biometric system using tripled chaotic watermarking approach[C]. International Symposium on Information Technology (ITSim), 2008: 1-8.

[67] Park K, Jeong D, Kang B, et al. A study on iris feature watermarking on face data[J]. Adaptive and Natural Computing Algorithms, 2007: 415-423.

[68] Komninos N, Dimitriou T. Protecting biometric templates with image watermarking techniques[J]. Advances in Biometrics, 2007: 114-123.

[69] Bartlow N, Kalka N, Cukic B, et al. Protecting iris images through asymmetric digital watermarking[C]. IEEE Workshop on Automatic Technologies, 2007: 192-197.

[70] Vatsa M, Singh R, Noore A. Feature based RDWT watermarking for multimodal biometric system[J]. Image and Vision Computing, 2009, 27(3): 293-304.

[71] Sun D, Li Q, Liu T, et al. A secure multimodal biometric verification scheme[C]. Advances in Biometric Person Authentication, 2005: 233-240.

[72] Giannoula A, Hatzinakos D. Data hiding for multimodal biometric recognition[C]. International

Symposium on Circuits and Systems, 2004: 165.

[73] Maiorana E, Campisi P, Neri A. Biometric signature authentication using radon transform-based watermarking techniques[C]. Biometrics Symposium, 2007: 1-6.

[74] Maiorana E, Campisi P, Neri A. Multi-level signature based biometric authentication using watermarking[C]. Proceedings of SPIE, 2007: 65790J.

[75] Maiorana E, Campisi P, Neri A. Signature-based authentication system using watermarking in the ridgelet and radon-DCT domain[C]. Proceedings of SPIE, 2007: 67410I.

[76] Khan M, Xie L, Zhang J. Robust hiding of fingerprint-biometric data into audio signals[J]. Advances in Biometrics, 2007: 702-712.

[77] Jain A K, Dass S C, Nandakumar K. Soft biometric traits for personal recognition systems[J]. Biometric Authentication, 2004: 731-738.

[78] Jain A K, Dass S C, Nandakumar K. Can soft biometric traits assist user recognition[J]. Defense and Security, 2004: 561-572.

[79] Jain A K, Nandakumar K, Lu X, et al. Integrating faces, fingerprints, and soft biometric traits for user recognition[J]. Biometric Authentication, 2004: 259-269.

第3章　指纹图像孤立块篡改检测与定位算法

3.1　引　　言

指纹由于其具有终身不变性、唯一性和方便性，几乎成为生物特征识别的代名词。随着指纹系统的广泛应用，指纹图像的安全性也越来越受到重视。例如，一个黑客可能入侵指纹图像数据库，篡改犯罪分子的指纹图像，从而销毁证据。其中，篡改类型可以有多种，其目的都是用来改变指纹特征，从而使其失去原有的身份鉴别能力。对于指纹识别技术，通过比较不同指纹的细节特征点特征来进行鉴别。因此，攻击者可以仅改变指纹纹线的结合点或分叉点来改变指纹特征，而这种更改可以通过改变孤立的图像块来实现，并且不会引起人眼的注意，如图 3-1 所示。

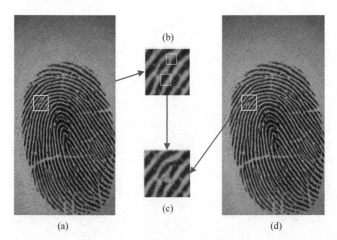

图 3-1　针对指纹图像的孤立块篡改
(a) 大小为 560×296 的指纹图像；(b) 部分放大的指纹图像，用来方便看到指纹的分叉点；
(c) 经过孤立块篡改后的指纹分叉点；(d) 篡改的指纹图像

图 3-1(a)显示大小为 560×296 的指纹图像，然后将一个指纹分叉点放大后，显示在图 3-1(b)中。针对该分叉点，我们通过篡改两个孤立的 8×8 图像块，来达到改变细节点特征的目的，篡改结果如图 3-1(c)所示。对于篡改后的指纹图像，如图 3-1(d)所示，虽然该指纹图像经过篡改，但从图中很难发现该指纹图像经过篡改。传统基于块链的脆弱水印不能有效地检测到该类型的篡改。因此，攻击者可能利用该类型的篡改，进行破坏或伪造指纹图像，从而造成错误的识别。本章提出基于多块依赖结构的脆弱水

印算法，可以有效地检测孤立块的篡改，保护指纹图像的安全性。该算法同时可以用于自然图像中的区域篡改检测及定位。

3.2　传统基于块链脆弱水印算法分析

脆弱水印算法主要用来验证图像的完整性，能检测并定位出图像的任何改变。目前，衡量脆弱水印算法主要有两个准则，即篡改定位精度及安全强度。其中，基于像素的脆弱水印算法[1-12]能定位到单个像素的改变，定位精度高，但是易受黑盒攻击[13]影响，存在安全隐患。为了抵抗该类型的攻击，人们提出了基于图像块的脆弱水印算法。该算法将原始图像划分为互不重叠的图像块，将认证水印信息嵌入图像块的最低有效位，当图像块中的任何信息遭到破坏后，生成水印信息和嵌入水印信息不一致，从而可以定位出遭到改变的图像块。1998 年，Wong[14]等提出了基于图像块的脆弱水印策略，能检测并定位出未经授权的图像块篡改，然而该算法是块独立的，易受量化攻击及合谋攻击的影响。为了抵抗合谋和量化攻击，人们通过不同的策略引入块之间依赖的关系，增强了算法的安全性。2006 年，Chang 等[15]通过局部和全局特征生成认证水印信息，从而建立了图像块之间的依赖关系。He 等[16,17]通过引入块链结构建立图像块之间的非确定依赖关系，可以有效抵抗合谋及量化攻击，并且算法具有较高的安全强度及定位精度。具体嵌入如图 3-2 所示，由图像块 X_{i0} 生成水印信息 W_{i0} 嵌入它的下一个图像块 X_{i1}，X_{i1} 生成的水印信息 W_{i1} 同样嵌入它的下个图像块 X_{i2} 中，X_{i2} 生成的水印信息 W_{i2} 同样嵌入它的下个图像块 X_{i3} 中，以此类推，从而形成一个链状结构。然而，该类算法不能有效检测上述我们提到针对指纹的孤立块篡改。

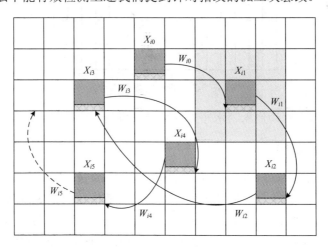

图 3-2　传统块链结构

在图 3-2 中，假设图像块 X_{i1} 遭到篡改，从 X_{i1} 生成的水印 W_{i1} 将与嵌入 X_{i2} 中的水印不一致，同样，从 X_{i0} 生成的水印 W_{i0} 将与嵌入 X_{i1} 中的水印不一致。上述提到的传统块链算法同时将 X_{i0} 及 X_{i1} 标记为候选篡改块，基于篡改为连续区域的假设，通过统计 X_{i0} 及 X_{i1} 8-邻域篡改情况，进而确定真正遭受到篡改的图像块。如果此时仅有一个孤立的图像块 X_{i1} 遭到篡改，那么 X_{i1} 的 8-邻域没有其他遭到篡改的图像块，此时，将 X_{i1} 错判为虚警块。

3.3　基于多块依赖的脆弱水印算法

基于图像块的脆弱水印算法，需要在定位精度（图像块大小）和安全强度之间达到一个折中[18]。考虑到算法的安全性及定位精度，本章划分的图像块大小为 8×8 像素。为了检测及定位孤立块篡改，对于每一个图像块，由自身内容生成 64 位的水印信息，并等分为 8 部分，每一部分嵌入由密钥选择的其他图像块中，从而建立了一个多块依赖结构，如图 3-3 所示。在篡改检测过程中，如果图像块遭受到篡改，则从该图像块中生成的 8 个 8 位的水印信息和从其他 8 个图像块中提取的水印，出现多个不一致的关系，从而实现对孤立块篡改的精确定位。

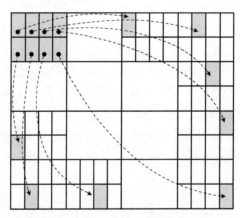

图 3-3　多块依赖结构

水印算法共包括水印嵌入、水印提取及篡改检测两个过程，分别可以描述如下。

3.3.1　水印嵌入过程

图 3-4 给出水印产生及嵌入过程。具体可以描述如下。

（1）图像分块。首先就将原始图像 X 的最低有效位（Least Significant Bit，LSB）清零，标记为 $\bar{X}_i$。然后将 $\bar{X}_i$ 划分为不重叠，且大小为 8×8 的图像块 $\bar{X}_i, i = 1, 2, \cdots, N_b$。

（2）生成 Hash 码。对于每一个图像块，采用消息摘要函数 MD5 生成 64 位的二值 Hash 序列，如

$$C_i = H(\bar{X}_i, i) = (c_{i1}, c_{i2}, \cdots, c_{i64}) \tag{3-1}$$

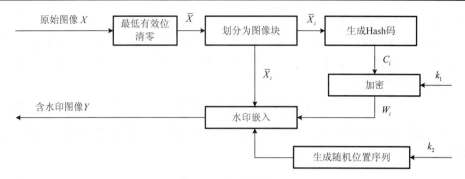

图 3-4 水印嵌入过程

（3）Hash 码加密生成水印信息。利用密钥 k_1 对生成的二值 Hash 序列进行加密，生成水印信息。首先，采用混沌序列生成随机二值序列，混沌函数为

$$y_{n+1} = \lambda y_n (1 - y_n) \tag{3-2}$$

式中，$n = 1, 2, \cdots$ 为迭代次数；系统参数 λ 取值在[3.47, 4]。采用式（3-2）生成的混沌序列是非周期、非收敛的，且对初值 y_0 特别敏感。在本章中，λ 和 y_0 分别设为 3.78 和 0.53，将密钥 k_1 表示为 $k_1 = \{\lambda, y_0\}$。接着，我们将生成的随机序列二值化为二进制序列 $S_m \in \{0, 1\}$，并且将二值化后的二进制序列 S_m 划分为子序列 $S_i = (s_{i1}, s_{i2}, \cdots, s_{i64}), i = 1, 2, \cdots, N_b$。采用异或操作对步骤（2）中生成的 Hash 值使用生成的随机二进制序列进行加密，如

$$w_{i,j} = c_{ij} \oplus s_{ij} \tag{3-3}$$

式中，$1 \leqslant i \leqslant N_b$；$1 \leqslant j \leqslant 64$。经过加密后，得到认证水印序列 $W = (W_1, W_2, \cdots, W_{N_b})$。

（4）建立非确定的多块依赖结构。采用密钥 k_2 生成八个随机位置序列，生成过程可以描述如下[19]。

① 采用式（3-2）所示的混沌序列，利用密钥 k_2 生成长度为 N_b 的随机序列 R^k，$k = 1, 2, \cdots, 8$，其中 R^k 可以描述为 $R^k = \{r_1^k, r_2^k, \cdots, r_{N_b}^k\}$。

② 对生成的随机位置序列 $R^k, k = 1, 2, \cdots, 8$ 进行稳定排序，可以得到排序好的序列 $R_I^k = \left(r_{I_1^k}^k, r_{I_2^k}^k, \cdots, r_{I_{N_b}^k}^k \right)$，其中索引序列 $I^k = \{I_1^k, I_2^k, \cdots, I_{N_b}^k\}$ 作为随机选取嵌入图像块的位置序列。

（5）水印信息嵌入。对于每一个图像块，将自身生成的 64 位水印信息等分为八个部分，标记为 $W_i^k, k = 1, 2, \cdots, 8$，其中每一部分含 8 位信息。每一部分水印信息嵌入由随机位置序列 $I_i^k, i = 1, 2, \cdots, N_b, k = 1, 2, \cdots, 8$ 选择的其他图像块对应的最低有效位中，第 k 部分从第 k 个位置序列中选取。

对于每一个像素，嵌入一位水印信息，嵌入方程可以描述为

$$Y_{m,n} = 2 \times \lfloor X_{m,n} / 2 \rfloor + W_{m,n}, m = 1, 2, \cdots, M, n = 1, 2, \cdots, N \tag{3-4}$$

式中，$M \times N$ 为原始图像的尺寸。

　　如前所述，常用衡量含水印图像的质量的准则有均方误差（MSE）、信噪比（SNR）、峰值信噪比（PSNR）及结构相似性（SSIM）等。本节选用常用的 PSNR 作为评价含水印图像质量的标准，计算公式为

$$PSNR = 10\lg(b / MSE) \tag{3-5}$$

式中，b 是信号最大值的平方（对于灰度图像，最大值通常为 255），并且均方误差的计算公式为

$$MSE = \frac{\sum_{i,j}[f(i,j) - f_w(i,j)]^2}{M \times N} \tag{3-6}$$

　　假设水印信息服从概率 p 为 0.5 的 0-1 分布，嵌入图像的最低有效位中。对于图像的最低有效位，"0" 和 "1" 出现的概率相等，其值为 0.5。当嵌入水印后，"0" 转换为 "1" 的概率为 0.5，同样 "1" 转换为 "0" 的概率也为 0.5。如果其中一位发生了改变，则对应的改变值为 2^0。因此，对于图像中的每一个像素，由于水印引起的平均误差为

$$|x_w(i,j) - x(i,j)| = (0.5^2 + 0.5^2) \times 2^0 = 0.5 \tag{3-7}$$

　　那么，含水印图像的平均 PSNR 可以近似为

$$PSNR = 10\lg(b / MSE) = 10\lg(255^2 / 0.5^2) = 54.15dB \tag{3-8}$$

3.3.2　水印提取及篡改检测

　　根据得到的测试图像和正确的密钥，将图像块自身生成的水印信息与从对应块提取的水印信息进行比较，得到篡改检测及定位结果，如图 3-5 所示，具体步骤可以描述如下。

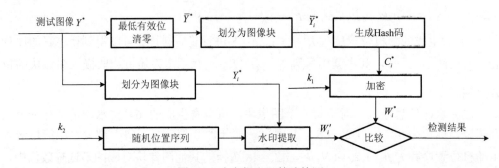

图 3-5　水印提取及篡改检测

　　（1）图像分块及水印信息生成。首先得到含水印的测试图像，标记为 Y^*，该图像块可能是保持完整的图像，也可能是遭到篡改的图像。然后，将该测试图像 Y^* 的最低

有效位置零，标记为 $\bar{Y}^*$，并划分为 8×8 的图像块 $\bar{Y}_i^*$，$i=1,2,\cdots,N_b$。对于每一个图像块，我们按照水印嵌入阶段的步骤（2）和步骤（3）生成水印的方法，生成加密后的水印 W^*，然后将其等分为八部分，标记为 W_i^{*k}，$i=1,2,\cdots,8$。

（2）水印提取。按照水印嵌入过程中的步骤（4），根据密钥 k_2 生成 8 个位置序列，对于每一个图像块，通过位置序列选择对应的其他 8 个图像块，然后从它们的最低有效位提取出相应的水印信息 $W_i'=W_{I^1(i)}'^1,W_{I^2(i)}'^2,\cdots,W_{I^8(i)}'^8$。

（3）篡改检测。对于每一个图像块，将生成的 8 部分水印信息与从其他 8 个图像块中提取的水印信息进行比较。仅当八部分生成的水印位与提取的水印位都不相等时，将该图像块标记为篡改，描述为

$$d_i^k=\begin{cases}0, & W_{I_i^k}'^k=W_i^{*k},k=1,2,\cdots,8\\1, & \text{其他}\end{cases}\tag{3-9}$$

$$D_i=\begin{cases}1, & \sum_{k=1}^{8}d_i^k=8\\0, & \text{其他}\end{cases}\tag{3-10}$$

式中，D_i 即为最后的检测结果，如果 D_i 等于 1，则表明对应的图像块遭受到恶意篡改；否则说明图像块正常。

3.4　安全强度分析

为了定量分析提出水印算法在穷举攻击下的安全强度，我们采用第 2 章中定义的安全强度公式：

$$SS=\min\left(\log_2\frac{1}{P_{ESA}}\right)\tag{3-11}$$

式中，$P_{ESA}=1/N_s$，代表着一个伪造的图像块成功通过认证系统的概率。为了成功伪造一个合法的图像块，攻击者需要知道从图像块生成加密后的水印信息及其嵌入的位置。对于从图像块生成的 m 位的水印信息来说，总共有 2^m 个可能的序列，对于整幅图像来说，总共有 N_b 个可供嵌入的位置，N_b 为图像块的个数。因此，在不知道密钥的情况下，攻击者最多需要尝试 $2^m\times N_b$ 次来获取水印信息及嵌入的位置，那么 $N_s=2^m\times N_b$。相应地，算法的安全强度为

$$SS=m+\log_2 N_b\tag{3-12}$$

Yeung 等[20]提出一种用于指纹图像完整性保护的脆弱水印方法，在保护指纹图像完整性的同时，嵌入水印不影响指纹图像的识别率。提出的脆弱水印方法基于单像素，

我们可以认为是基于大小为 1×1 的图像块方法。对于每一个像素，通过二进制查找表方法生成一位认证水印位，然后嵌入该像素的最低有效位中。在认证的过程中，对于每一个像素，首先通过二进制查找表生成认证水印位，然后从其最低有效位中提取嵌入的水印信息，根据二者是否相等进行完整性判别。该方法是块独立的，即生成的水印信息嵌入自身图像块中。为了伪造一个图像块，攻击者只需更改最低有效位信息。对于大小为 1×1 的图像块，攻击者只需要一次尝试就可以达到目的。因此在该方法中，$P_{ESA}^1 = 1$，对应的安全强度为 $SS_1 = \log_2 1 = 0$。

He 等[17]提出了一种基于块链的脆弱水印方法。由每一个图像块生成 64 位长的认证水印信息，嵌入由密钥选择的其他图像块中，然后该块也生成 64 位认证信息，并嵌入它的下一块，所有图像块形成一个链状结构，建立了块之间的非确定依赖关系，进而可以抵抗量化和合谋攻击。在该方法中，图像块个数为 N_b，则对于每一个图像块生成的水印，有 N_b 个可能的嵌入位置。在穷举攻击下，提出算法的 P_{ESA} 为

$$P_{ESA}^2 = 1/(2^{64} \times N_b) \tag{3-13}$$

相应地，算法的安全强度为

$$SS_2 = 64 + \log_2 N_b \tag{3-14}$$

在本章提出的算法中，由每一个图像块生成的 64 位水印信息，等分 8 部分后嵌入由密钥选择的其他八个图像块中。对于每一部分来说，含有 8 位水印信息，则共有 2^8 个可能序列，并且有 N_b 个可能的嵌入位置。在穷举攻击下，提出方法的 P_{ESA} 为

$$P_{ESA}^3 = 1/(2^8 \times N_b)^8 = 1/(2^{64} \times N_b^8) \tag{3-15}$$

相应地，算法的安全强度为

$$SS_3 = 64 + \log_2 N_b^8 = 64 + 8\log_2 N_b \tag{3-16}$$

通过对上述三种方法安全强度的比较分析，可以得到如下的大小关系：

$$SS_3 > SS_2 > SS_1 \tag{3-17}$$

安全强度值越大，则算法的安全强度越高。因此，本章提出的方法相对文献[17]、[20]，具有较高的安全强度。

3.5　定位精度分析

为了更好地评价提出算法的性能，受 Yu 等[19]的启发，我们给出算法定位精度的理论分析，并且采用仿真实验验证了理论分析的正确性。

1）篡改检测定位精度分析

在篡改区域中，如果图像块 Y_i^* 中任何一个像素遭到改变，那么由于 Hash 函数的

敏感性，则从 Y_i^* 中生成的认证水印信息 W_i^* 也相应改变了。其中，生成的水印信息 "0" 和 "1" 改变的概率为 0.5。对于生成水印 W_i^* 的每一部分，如果其中任何一位发生改变，则认为该部分遭受改变。那么对于含有 8 位信息的水印 $W_i^{*k}(k=1,2,\cdots,8)$，则每位都保持不变的概率为 0.5^8，相应地，发生改变的概率为 $1-0.5^8$。令 $p_1,p_2,\cdots,p_8$ 表示对于处在篡改区域的图像块，生成的八个 8 位的水印 $W_i^{*k}(k=1,2,\cdots,8)$，共有 $0,1,\cdots,8$ 个遭受篡改的概率，则计算公式为

$$p_k = C_8^k (1-0.5^8)^k (0.5^8)^{8-k} \tag{3-18}$$

Yu 等[19]指出，篡改操作不仅影响着图像块的内容，即影响所生成的水印信息，还破坏了嵌入篡改图像块中的水印信息。对于一幅图像来说，假设篡改区域占整个图像区域的比例为 a，则图像块 Y_i^* 处在篡改区域的概率为 a，处在正常区域的概率为 $1-a$。假设虽然 Y_i^* 处在篡改区域中，但 W_i^{*k} 保持不变，如果 W_i^{*k} 所嵌入的图像块 $Y_{I_i^k}^*$ 不处在篡改区域中，则 W_i^{*k} 被标记为篡改的概率为 0；如果 W_i^{*k} 所嵌入的图像块 $Y_{I_i^k}^*$ 处在篡改区域中，则 W_i^{*k} 被标记为篡改的概率为 $1-0.5^8$。p_f 表示为：假设 Y_i^* 处在篡改区域中，虽然 W_i^{*k} 保持不变，但是仍然被标记为篡改的概率，可以描述为

$$p_f = (1-a)\times 0 + a\times(1-0.5^8) = (1-0.5^8)a \tag{3-19}$$

p_t 表示当 W_i^{*k} 发生改变时，被标记为篡改的概率。如果 W_i^{*k} 所嵌入的图像块 $Y_{I_i^k}^*$ 处在篡改区域外，则 W_i^{*k} 被标记为篡改的概率为 1，否则，W_i^{*k} 被标记为篡改的概率为 $1-0.5^8$。概率 p_t 可以描述为

$$p_t = (1-a)\times 1 + a\times(1-0.5^8) = 1-0.5^8 a \tag{3-20}$$

篡改检测过程中，我们指出，仅当 8 组生成的认证水印与从对应图像块提取的 8 组水印都不相等时，才将 Y_i^* 标记为篡改。篡改检测及定位概率 P_d 可以描述为

$$P_d = \sum_{k=0}^{8} p_k \times p_f^{8-k} \times p_t^k \tag{3-21}$$

式中，当 k 等于 0 时，表明图像块的 8 组水印 W_i^{*k} 都未发生改变，且被标记为篡改时的概率；当 k 等于 1 时，表明 8 组水印信息，仅有 1 组发生了改变，被标记为篡改，其余 7 组都未发生改变，也被标记为篡改的概率；当 k 等于 2 时，表明 8 组水印信息，有 2 组发生了改变，被标记为篡改，其余 6 组未发生改变，也被标记为篡改的概率；剩下的 6 项，以此类推，得到最终的篡改检测概率。

2）篡改检测虚警分析

在正常图像区域中，未遭到篡改的图像块，如果被标记为篡改，则产生虚警，虚警过高，同样导致算法定位效果较差。因此，提出的算法不仅要有较高的定位精度，

还要有较低的虚警率。按照上述步骤推导出本章提出算法的篡改检测虚警率。假设篡改区域占整幅图像的比例为 a，则正常区域的比例为 $1-a$。处在正常区域的图像块 Y_i^* 保持不变，相应地，生成的水印 W_i^{*k} 也保持不变。如果 W_i^{*k} 所嵌入的图像块 $Y_{I_i^k}^*$ 处在篡改区域外，嵌入水印信息未发生变换，则 W_i^{*k} 标记为篡改的概率为 0；如果 W_i^{*k} 所嵌入到的图像块 $Y_{I_i^k}^*$ 处在篡改区域内，则嵌入的水印可能改变的概率为 $1-0.5^8$，因此 W_i^{*k} 标记为篡改的概率为 $1-0.5^8$。最终，W_i^{*k} 被标记为篡改的概率可以描述为

$$p_{\text{nt}} = (1-a)\times 0 + a\times(1-0.5^8) = 1-0.5^8 a \tag{3-22}$$

对于一图像块，仅当所有组的水印标记为篡改，我们才认为该图像遭到篡改。因此，虚警率 P_{fd} 可以描述为

$$P_{\text{fd}} = p_{\text{nt}}^8 \tag{3-23}$$

3）算法仿真

为了验证上述关于篡改定位概率 P_d 和虚警率 P_{fd} 理论推导的正确性，本节进行一系列的仿真实验。首先在仿真实验中，篡改检测概率（EP_d）及错误虚警率 EP_{fd} 的计算公式为

$$\text{EP}_d = N_d / N_t \times 100\% \tag{3-24}$$

$$\text{EP}_{\text{fd}} = F_d / (N_b - N_t) \times 100\% \tag{3-25}$$

式中，N_t 为实际篡改图像块的个数；N_d 为被正确检测到的篡改图像块个数；F_d 为正常图像块被标记为篡改图像块的个数；N_b 为总的图像块个数。

在仿真实验中，我们选用 8 幅大小为 512×512 的图像作为样本，嵌入水印后，如图 3-6 所示，平均 PSNR 为 54.26dB，符合式（3-8）推导出的理论值，验证了关于 PSNR 理论推导的正确性。然后，对上述 8 幅图片进行随机篡改，篡改比 a 在[0.01, 0.8]，其中间隔为 0.01。在每个篡改比 a 下，对上述图像随机进行 20 次的区域篡改，经过篡改检测及定位后，经统计得出篡改检测结果 EP_d 和 EP_{fd}。然后分别画出篡改检测概率及虚警率的理论值及仿真结果，如图 3-7 所示。图中，P_d 和 P_{fd} 代表理论推导值，EP_d 和 EP_{fd} 代表着仿真结果。从图中可以看出，仿真结果近似等于理论推导值，说明上述理论推导的正确性。另外，通过图 3-7(a)可以看出篡改检测概率 P_d 不受篡改比的影响，接近于 97%，说明提出算法具有较高的定位精度。通过图 3-7(b)可以看出，检测结果随着篡改比的提高，虚警率也逐渐增加，原因在于，随着篡改面积的增大，则正常图像块生成的 8 组水印信息全部落入篡改区域的概率也在增加，在篡改比小于 50%的情况下，具有理想的结果（接近于 0），即使篡改比达到 80%的时候，错误检测概率仍然不高于 16%，算法在具有高定位精度的前提下，同时虚警率也接近于理想值。因此，本章提出的算法具有较高的定位精度，可以有效地应用于指纹图像保护中。

图 3-6　测试图像集

从左到右依次为：Lena；Pepper；Sailboat；Couple；Elaine；Trunk；Mandrill；Ship

（所有图像来自于 USC-SIPI 图像数据库，大小 512×512）

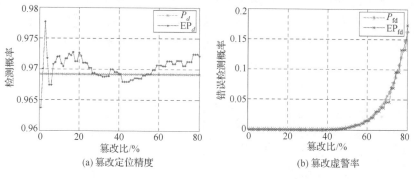

(a) 篡改定位精度　　　　　　　　　　　　　(b) 篡改虚警率

图 3-7　篡改检测精度

3.6　实验结果与分析

3.6.1　自然图像区域篡改检测

本节给出提出算法对自然图像区域篡改的检测定位能力。首先考虑当区域篡改面积较小时，算法的定位能力，如图 3-8 所示。图 3-8(a)为 512×512 的含水印"Trunk"图像，PSNR 为 52.35dB。然后通过在图像下面添加两个油罐车，从而改变图像原来的内容，如图 3-8(b)所示，让人误以为场景中有多个油罐车的假象。分别采用文献[17]

及本章提出方法进行检测，得到的检测结果如图 3-8(c)和图 3-8(d)所示。从图中可以看出，提出方法较好地定位出篡改区域，篡改区域中间有少许的漏警，但并不影响定位效果。文献[17]较完美定位出篡改区域，因为该方法更多地考虑了邻域篡改情况，所以中间没有漏检的图像块。

(a) 含水印图像　　　　　(b) 篡改图像　　　　(c) 文献[17]检测结果　　　(d) 提出方法检测结果

图 3-8　篡改面积较小时的篡改检测结果

　　第二个实验考虑篡改区域较大的情况。如图 3-9 所示，图 3-9(a)为"Lena"图像，图像中的大部分使用"Sailboat"图像对应位置的内容进行替换，篡改结果如图 3-9(b)所示，篡改比达到 70%。图 3-9(c)和图 3-9(d)分别给出文献[17]和本章提出方法的检测结果。从图中可以看出，文献[17]除了边缘区域，较好地定位出篡改区域，篡改检测概率及虚警率分别为 98.53%和 3.76%；本章提出方法也非常清楚地定位出篡改区域，篡改检测概率及虚警率也分别为 96.78%和 4.49%。

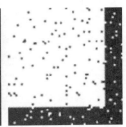

(a) 含水印图像　　　　　(b) 篡改图像　　　　(c) 文献[17]检测结果　　　(d) 提出方法检测结果

图 3-9　篡改面积较大时的篡改检测结果

　　通过上述两个实验，可以看出本章提出方法和传统的基于块链结构的方法一样，能有效地检测自然图像中的区域篡改。

3.6.2　指纹图像孤立块篡改检测

　　前面提出指纹图像最大的用途在于身份鉴别能力，并且在指纹识别系统中，有效信息为指纹细节点特征。对于恶意攻击者，不需要改变大面积的区域，而是只需要改变一些关键的小块，在不被人眼发现的前提下，达到改变指纹特征的目的，从而破坏指纹图像或者伪造出合法的指纹图像。通过前述的分析，对于传统基于块链的方法不能有效定位该类型的篡改，本节通过实验给出本章提出方法在该类型攻击下的检测效果。

　　实验中，我们选用 FVC DB2 作为指纹数据库。该数据库总共包括 110 个人，每个人有 6 幅指纹图片。对于每个人，我们随机选取两幅图片，一幅图片作为参考图像，另一幅图片作为测试图像。同时，我们选用文献[21]中提出的方法用来提取指纹细节点特征及计算指纹之间的匹配度。在该方法中，首先通过检查低对比度区域、低能量块及高密度曲线区域，生成图像质量图，然后通过在指纹图像的脊上，应用一个旋转网格产生二值指纹图像。指纹细节点可以通过比较像素邻域与指纹细节点模板来生成。最后该方法采用启发式方法来优化结果。提取出细节点特征后，利用测试指纹图像 I 的特征点生成凸包集，命名为 C_I。对于参考指纹图像 R 中的特征点，如果落在凸包 C_I 中，则认为该细节点处在参考图像和测试图像相重叠的区域中。相应地，在测试指纹图像中，也有多个落在参考指纹图像重叠区域中的特征点。因此，我们可以得到测试图像和参考图像落在对方重叠区域的特征点个数，分别命名为 O_I 和 O_R。最后，得到参考图像和测试图像之间匹配分数的计算公式：

$$\text{Similarity}_{\text{score}} = n^2 \times S_{\text{avg}} / (O_I \times O_R) \tag{3-26}$$

式中，n 为两个指纹图像匹配细节点的个数；S_{avg} 为所有匹配特征点的平均匹配分数。

　　首先，为了验证水印对指纹图像区分身份能力的影响，对于测试图像集，按照我们提出的方法嵌入水印信息，得到含水印的指纹测试图像集，同时保持参考指纹图像集不变，然后分别求测试图像集与参考图像集、含水印测试图像集及参考图像集的匹配分数，标记为"原始图像"及"含水印图像"，如图 3-10 所示。从图中可以看出，两个原始测试图像及加水印后的测试图像与参考指纹图像之间的匹配分数在加水印前后保持不变，说明提出的水印方法，对指纹区分身份能力没有影响，符合实际要求。

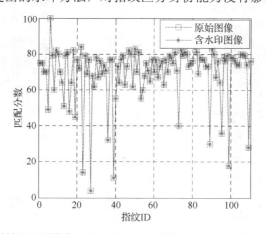

图 3-10　原始测试图像集、含水印测试图像集与参考图像集之间的匹配度

　　其次，验证孤立块篡改是否影响指纹图像的特征，即是否影响指纹图像的身份区

分能力。我们设计如下实验：首先给出含水印的指纹图像，如图 3-11(a)所示（见彩图），然后对指纹图像进行篡改，我们将指纹图像划分为 8×8 大小的图像块，然后分别随机选取其中 1%和 5%的图像块，采用从另外一个指纹图像（图 3-11(a)）中相同位置的图像块进行替换，通过图 3-11(b)，我们很难发现有明显修改的痕迹。然后分别提取修改前和修改后指纹图像的细节点特征，如图 3-11(a)和图 3-11(b)中的红色和青色的点所示，其中青色点表示图 3-11(a)和图 3-11(a)两幅指纹图像中相匹配的指纹细节点，红色表示两图像中未匹配的细节点，红色细节点说明孤立块篡改的确改变了指纹的特征。

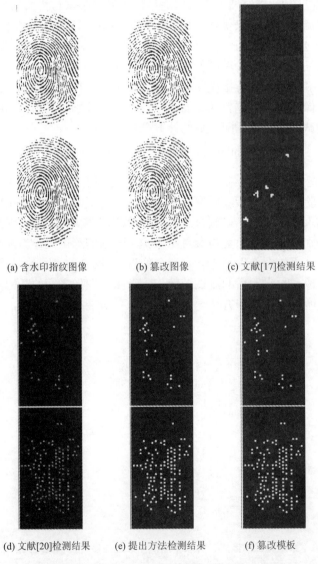

(a) 含水印指纹图像   (b) 篡改图像   (c) 文献[17]检测结果

(d) 文献[20]检测结果   (e) 提出方法检测结果   (f) 篡改模板

图 3-11 针对指纹攻击的孤立块篡改检测（见彩图）

　　为了定量地说明孤立块篡改对指纹区分身份能力的影响，我们对指纹测试集分别随机进行 1%、5%和 25%的孤立块篡改，同时参考集保持不变，求出相应的匹配分数，如图 3-12 所示。其中图 3-12(a)给出篡改比为 1%的情况，从图中可以看出，少量的孤立块篡改对指纹区分身份能力影响不大，说明匹配算法对少量的篡改还是有一定鲁棒性的，然而当孤立块篡改的比例达到 5%的时候，从图 3-12(b)可以看出，部分指纹图像的匹配分数显著下降，而对于图 3-12(c)来说，此时篡改比达到 25%，篡改测试指纹图像与参考图像之间的匹配度大部分低于 40，说明此时的篡改图像集已不能用于指纹身份鉴别。非法攻击者可以利用该类型的攻击，在不引起人眼注意的前提下，进行伪造或破坏合法的指纹图像。

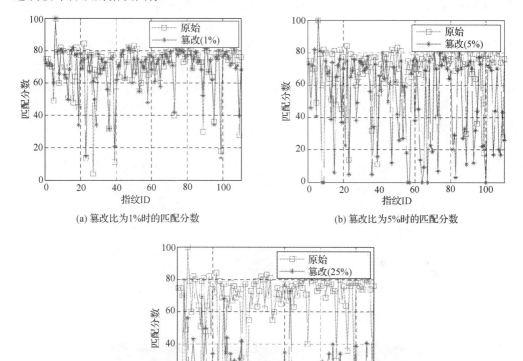

(a) 篡改比为1%时的匹配分数　　　　　　　(b) 篡改比为5%时的匹配分数

(c) 篡改比为25%时的匹配分数

图 3-12　篡改测试图像集与参考图像集之间的匹配度

　　为了验证本章提出方法对孤立块篡改定位的有效性，我们对图 3-11(b)所示的篡改的指纹图像，分别采用 He 等[17]、Yeung 等[20]及本章提出方法对篡改图像进行检测，检测结果如图 3-11(c)～图 3-11(e)所示，通过与实际篡改模板图 3-11(f)进行比较，可以看出基于块链的方法不能正确检测该类型的篡改，文献[20]及本章提出方法都能较好地定位遭到篡改的孤立块。然而文献[20]是基于块独立的，存在着安全隐患。

3.6.3　在合谋攻击下的安全性

Yeung 等[20]及本章提出方法都能较好地定位篡改的孤立块，然而文献[20]提出方法是基于块独立的，易受合谋和量化攻击的影响，存在安全隐患。本节给出在合谋攻击下，文献[20]及本章提出方法的性能。首先对于指纹图像 1 及指纹图像 2，分别采用文献[20]及本章的方法，利用同样的密钥进行水印嵌入，嵌入水印后的指纹图像如图 3-13(a)和图 3-13(b)所示（见彩图）。我们使用指纹图像 2 中的几个孤立块替换指纹图像 1 中对应位置的孤立块，如图 3-13(c)所示。然后提取篡改前指纹图像与篡改后指纹图像的细节点特征，如图 3-13(a)和图 3-13(c)所示，红色点表明两图像有不匹配的细节点，说明篡改改变了指纹图像的特征。采用文献[20]和本章提出方法对篡改指纹图像进行检测，得到篡改检测结果，如图 3-13(d)和图 3-13(e)所示，通过与篡改模板图 3-13(f)进行比较，可以得出，本章提出方法较好地定位出篡改块，而文献[20]没有检测到篡改块。说明文献[20]易受合谋攻击影响。

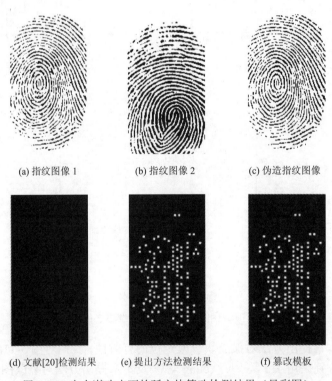

(a) 指纹图像 1　　　　　(b) 指纹图像 2　　　　　(c) 伪造指纹图像

(d) 文献[20]检测结果　　(e) 提出方法检测结果　　(f) 篡改模板

图 3-13　在合谋攻击下的孤立块篡改检测结果（见彩图）

为了更好地说明算法的性能，我们将提出方法与已有的几种基于数字水印的指纹保护算法进行比较，如表 3-1 所示。

表 3-1　基于数字水印的指纹保护算法比较

方　　法	类　　别	安全强度	区域篡改定位	孤立块定位
文献[20]	脆弱水印	0	√	√
文献[22]～[25]	鲁棒水印	—	×	×
文献[17]	脆弱水印	$\log_2 N_b$	√	×
我们提出方法	脆弱水印	$8 \times \log_2 N_b$	√	√

通过表 3-1，我们可以看出文献[20]能检测到篡改，并且能定位出孤立块篡改，然而该方法是基于块独立的，安全强度较低，不能有效抵抗合谋和量化攻击，存在安全隐患。文献[22]～[25]通过鲁棒水印嵌入水印的，主要用来验证指纹图像是否遭受攻击，然而提出方法不能定位篡改。文献[17]具有较高的安全强度，能有效定位区域篡改，然而不能定位针对指纹图像的孤立块篡改。而我们提出方法在满足安全强度的前提下，既能检测区域篡改，又能检测到孤立块篡改。

3.7　本 章 小 结

非法攻击者可以利用孤立块篡改实现对指纹图像的篡改，并且不被人眼所发现。传统基于块独立的脆弱水印算法虽然能检测到该类型的篡改，但是易受合谋和量化攻击。传统基于块链的脆弱水印算法虽然能够抵抗合谋和量化攻击，但是不能有效检测到该类型的篡改。本章提出一种基于多块依赖结构的安全可靠，又能有效检测到孤立块篡改的脆弱水印算法，从而有效保护指纹图像的完整性。实验结果证明提出的水印算法，只嵌入图像的最低有效位，较好地保持了指纹图像的身份鉴别能力。同时，理论和仿真结果说明算法在保持较低虚警率的情况下，具有较高的篡改定位精度。另外，多块依赖结构使得提出方法能有效抵抗合谋和量化攻击。

参 考 文 献

[1]　Lin C Y. Watermarking and Digital Signature Techniques for Multimedia Authentication and Copyright Protection[M]. New York: Columbla University, 2000: 90-94.

[2]　Yeung M M, Mintzer F C. Invisible watermarking for image verification[J]. Journal of Electronic Imaging, 1998, 7(3): 578-591.

[3]　Fridrich J, Goljan M, Memon N. Cryptanalysis of the Yeung-Mintzer fragile watermarking technique[J]. Electronic Image, 2002, 11: 262-274.

[4]　丁科, 何晨, 王宏霞. 一种定位精确的混沌脆弱数字水印技术[J]. 电子学报, 2004, 2(2):

1009-1012.

[5] 张小华, 孟红云, 刘芳, 等. 一类有效的脆弱型数字水印技术[J]. 电子学报, 2004, 32(1): 115-117.

[6] Wu J, Zhu B, Li S, et al. A secure image authentication algorithm with pixel-level tampering localization[C]. Proceedings of the IEEE International Conference on Image Processing, 2004: 123-127.

[7] Zhang X P, Wang S Z. Statistical fragile watermarking capable of locating individual tampered pixels[J]. Signal Processing Letters, 2007, 14(10): 727-730.

[8] Liu S H, Yao H X, Gao W, et al. An image fragile watermark scheme based on chaotic image pattern and pixel-pairs[J]. Applied Mathematics and Computation, 207, 185: 869-882.

[9] Anthony T S, Zhu X Z, Shen J. Fragile watermarking based on encoding of the zeroes of the Z-trans form[J]. IEEE Transactions on Information Forensics and Security, 2008, 3(3): 567-569.

[10] Meenakshi D P, Venkatesan M, Duraiswamy K. A fragile watermarking scheme for image authentication with tamper localization using integer wavelet transform[J]. Journal of Computer Science, 2009, 5(11): 831-837.

[11] Zhang X P, Wang S Z. Fragile watermarking scheme using a hierarchical mechanism[J]. Signal Processing, 2009, 89: 675-679.

[12] Celik M U, Sharma G, Saber E, et al. Hierarchical watermarking for secure image authentication with localization[J]. IEEE Transactions on Image Processing, 2002, 11(6): 585-595.

[13] Wu J H, Zhu B B, Li S P, et al. Efficient oracle attacks on Yeung-Mintzer and variant authentication schemes[C]. ICME, 2004: 931-93.

[14] Wong P. A public key watermark for image verification and authentication[C]. International Conference on Image Processing, 1998: 455-459.

[15] Chang C C, Hu Y S, Lu T C. A watermarking-based image ownership and tampering authentication scheme[J]. Pattern Recognition Letters, 2006, 27(5): 439-446.

[16] He H J, Zhang J S, Tai H M. Self-recovery fragile watermarking using block-neighborhood tampering characterization[C]. IH 2009, 2009: 132-145.

[17] He H J, Zhang J S, Chen F. Adjacent-block based statistical detection method for self-embedding watermarking techniques[J]. Signal Processing, 2009, 89: 1557-1566.

[18] He H J, Zhang J S, Tai H M. A neighborhood-characteristic-based detection model for statistical fragile watermarking with localization[J]. Multimedia Tools and Applications, 2011, 52(2): 307-324.

[19] Yu M, He H J, Zhang J S. A digital authentication watermarking scheme for JPEG images with superior localization and security[J]. Science in China Series F: Information Sciences, 2007, 50(3): 491-509.

[20] Yeung M M, Pankanti S. Verification watermarks on fingerprint recognition and retrieval[C]. Proc of SPIE Conference on Security and Watermarking of Multimedia Contents, 1999: 66-78.

[21] Tsai Y J, Venu G J. A minutia-based partial fingerprint recognition system[J]. Pattern Recogn, 2005,

38: 1672-1684.

[22] Ahmed F, Selvanadin K B. Fingerprint reference verification method using a phase encoding based watermarking technique[J]. Journal of Electronic Imaging, 2008, 17(1): 1-9.

[23] Noore A, Singh R, Vatsa M, et al. Enhancing security of fingerprints through contextual biometric watermarking[J]. Forensic Science International, 2009, 169: 188-194.

[24] Ratha N K, Villanueva M A F, Connell J H, et al. A secure protocol for data hiding in compressed fingerprint images[J]. Lecture Notes Computer Science, 2004, 3087: 205-216.

[25] Zebbiche A K, Khelifi F, Bouridane A. An efficient watermarking technique for the protection of fingerprint images[J]. EURASIP Journal on Information Security, 2008: 1-20.

第 4 章　脆弱自恢复水印及人脸图像保护算法

4.1　引　　言

目前基于数字水印的人脸图像保护共分两大类：一类主要用于人脸图像的完整性保护，Komninos 等[1]利用网格编码水印及基于块的认证水印，在指纹中嵌入人脸信息或者在人脸中嵌入指纹信息，进而保护图像的完整性；另一类主要用于保护人脸特征的隐私性，Anil 等[2]提出一种调幅水印的改进算法。在该水印算法的基础上，给出两个应用水印保护生物特征安全及隐私的场景：一种是将指纹细节点数据或者特征脸系数嵌入任意图像中传输；另一种是将指纹细节点数据嵌入人脸图像中，将含水印人脸图像放入智能卡中。认证方首先读取出含水印人脸图像，并提取出指纹数据，进行双重认证。Chen 等[3]将特征脸系数编码为二维条形码，然后提取特征作为水印信息，嵌入宿主图像 DCT 域中。认证方提取水印信息，与特征数据库信息进行相似度比较。

上述两类方法在一定程度上保护了人脸图像及特征的安全性及隐私性，然而它们都存在着不足。对于第一类方法，只能用于判别人脸图像的完整性，当图像遭受到恶意攻击时，则不能有效恢复受破坏的数据；第二类方法，用于隐匿传输人脸特征，然而在传输过程中，如果数据遭受了破坏，认证系统仍然提取水印信息，并用于识别，则造成不正确的识别结果。脆弱自恢复水印既能验证图像的完整性，又能利用里面隐含的信息对破坏区域进行恢复。本章提出一种基于脆弱自恢复水印的人脸图像完整性及自恢复算法。首先改进第 3 章提出的多块依赖结构的脆弱水印算法，再给出多级认证的脆弱水印算法，用于验证人脸图像的完整性，同时嵌入人脸图像的 PCA 系数。当人脸图像遭受到破坏时，提取嵌入的 PCA 系数，恢复出特征脸图像，既可以以可见方式验证身份信息，又可以用于人脸识别系统。

在嵌入水印的过程中，我们发现人脸的显著区域，可以嵌入较多的水印，对识别率影响较小，而背景区域，由于相对比较光滑，如果嵌入较多的水印信息，反而容易降低图像质量。因此我们首先利用显著性检测算法，将人脸图像划分为显著区域及背景区域，分别对不同区域嵌入不同强度的水印信息，在一定程度上保持了人脸图像的识别效果。

4.2　基于 GBVS 的人脸显著区域分割

GBVS 方法[4]是在 Itti 的模型上引入图论方法计算图像显著性的一种方法。GBVS 获得的显著性图像在显著性物体内部的显著性大小分布比较均匀，比较符合目标区域提取的应用需求。基于图论的显著性计算方法可将其分为三步：特征提取、差异计算和差异标准化。

首先提取图像特征图。对于输入的灰度图像，通过高斯卷积和降采样实现图像的尺度减小，尺度变化从 1∶1（尺度 0）到 1∶256（尺度 8），从而建立对应九尺度的高斯金字塔，并在灰度特征图像上建立恢复高斯金字塔 $I(\sigma)$。通过 Gabor 滤波器实现图像方向特征图的提取。

然后进行差异计算。在生成的特征图上，通过一系列的"中心-四周"型的线性卷积获取特征差异图。其中，差异图表示"中心"尺度 c，$c \in \{2, 3, 4\}$ 和"四周"尺度 $s = c + \delta$ 相应位置点的差异，其中 $\delta \in \{3, 4\}$。

Itti 模型中特征差异图计算公式为

$$f(c, s) = |f(c) \Theta f(s)| \tag{4-1}$$

式中，f 代表其中的特征图，可为灰度特征、方向特征及纹理特征等。

对于每一个特征图，通过差异计算，提取"中心-四周"型多尺度变化特征图后，进行规整化，计算公式为

$$F_{I,C,S} = N(|I(C) \Theta I(S)|) \tag{4-2}$$

$$F_\theta = N(|O_\theta(C) \Theta O_\theta(S)|) \tag{4-3}$$

式中，$I(S)$ 和 $O_\theta(S)$ 分别表示灰度、方向特征图；Θ 表示某个像素点在不同尺度下的特征变化，计算过程以金字塔的 C 层为中心图层，金字塔的 S 层为周围图层；$N(\cdot)$ 为归一化运算符。

在特征差异计算和规则化两个步骤中引入图论的计算方法，具有较高的计算效率，并且比直接求差的方法能更好表示不同特征层之间的区别，具体如下。

首先，通过引入图论的方法计算出差异图像。给定一个特征图层 M，定义点(i, j)与点(p, q)差异为

$$d(i, j) \| (p, q) \overset{\text{def}}{=\!=} \left| \log_2 \frac{M(i, j)}{M(p, q)} \right| \tag{4-4}$$

然后，建立全联通图 G，图中的每个节点可以用一个像素来表示，点(i, j)与点(p, q)形成边权值，可以通过如下公式计算：

$$w((i, j), (p, q)) = d((i, j) \| (p, q)) \times F(i - p, j - q) \tag{4-5}$$

式中，函数 F 可以描述为

$$F(a, b) \overset{\text{def}}{=\!=} \exp\left(-\frac{a^2 + b^2}{2\sigma^2}\right) \tag{4-6}$$

通过全联通图 G，建立马尔可夫链，进行生成差异图像 A。其中马尔可夫链的均衡分布为像素点差异值的大小。

得到差异图像 A 后，按照上述全联通图的生成方法，在生成的差异图像 A 上建立另一个全联通有向图 G'，点 (i,j) 与点 (p,q) 形成边权值，可以描述为

$$w_2((i,j),(p,q)) = A(p,q) \cdot F(i-p,j-q) \qquad (4\text{-}7)$$

在新的全联通图上，建立马尔可夫链，其分布代表像素点的显著性。经过归一化处理，生成最终的显著图 S_{GBVS}。

利用上述显著图计算方法，对一幅具体人脸图像（图 4-1(a)），人脸图像来自于 FERET 人脸库，经过显著性计算后，得到的人脸显著图，如图 4-1(b)所示。然后通过阈值分割，将人脸图像分为显著性区域及背景区域，图 4-1(c)给出 50%显著区域的人脸图，分割结果可以描述为 $M_{\text{SR}} = \{m_i \in 0,1 \mid i = 1,2,\cdots,N_p\}$，其中 N_p 表示图像中所有像素的个数。如果 $m_i = 1$，则表明对应像素处在显著区域内，否则，像素处在背景区域内。

　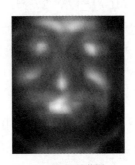　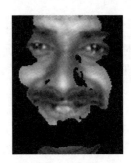

(a) 原始人脸图像　　　　　　　(b) GBVS 显著图　　　　　　　(c) 显著区域

图 4-1　人脸显著区域分割

4.3　基于显著区域的脆弱自恢复水印算法

在第 3 章中，我们提出基于多块依赖的脆弱水印算法，考虑到安全强度及定位精度，算法定位图像块大小为 8×8。受 He 等[5]启发，本章对提出的多块依赖算法进行改进，在不损失安全强度的情况下，定位精度从 8×8 精确到 4×4，并通过多级认证提高了算法的定位效果。在提出改进脆弱水印算法的基础上，针对人脸图像，提取相应的 PCA 系数，然后冗余嵌入人脸图像的显著区域，较好地保持了人脸图像的识别率，并且检测到篡改后，利用隐藏的 PCA 系数恢复出相应的特征脸。

4.3.1　基于图像块的显著区域图生成

在本章提出方法中，为了提高算法安全强度，水印信息嵌入图像低 4 位平面的相应位置，可能会影响显著图的生成。为了在篡改检测及自恢复阶段，生成与原始图像相同的显著图，在生成显著图时，仅使用图像的高 4 位进行显著图生成。具体做法是，

将人脸图像的低 4 位置零，然后按照 4.2 节显著图生成方法，得到显著图 $M_{SR} = \{m_i \in 0,1 \mid i = 1,2,\cdots,N_p\}$，该显著图用来标注图像中的像素是否处在显著区域中。

本章提出方法是基于图像块的，所划分的图像块大小为 4×4。因此，在嵌入水印的时候，需要以图像块为单位，判断是否处在显著区域中。本章利用下述方法判定图像块是否在显著区域中，对于一图像块 X_i，其中所在显著区域中的像素个数可以通过下述公式计算：

$$N_{SR} = \sum_{j=1}^{N_{bp}} m_j \tag{4-8}$$

如果 N_{SR} 值大于等于 $N_{bp} / 2$，则认为该图像块处在显著区域中，否则认为图像块处在背景区域中。其中 N_{bp} 代表图像块中像素个数，在本方法中，图像块大小为 4×4，因此可以得出 N_{bp} 等于 16。通过上述公式，最终得到一个基于图像块的显著图 $Mb_{SR} = \{mb_j \in 0,1 \mid j = 1,2,\cdots,N_b\}$，$N_b$ 为一幅人脸图像中所划分出的图像块个数。

4.3.2　水印生成

本章提出的基于脆弱自恢复水印的人脸图像保护算法，需要定位出篡改区域，并能根据篡改结果，对人脸特征数据进行恢复。在水印嵌入过程中，需要嵌入两种水印：认证水印，用于验证图像的完整性；信息水印，用于恢复遭到破坏的人脸特征。

首先，我们仍采用第 3 章中生成认证水印的方法，利用 MD5 函数生成图像块的 Hash 码作为认证水印位。计算公式为

$$C_i = H(m,n,\bar{X}_i) \tag{4-9}$$

式中，$\bar{X}_i$ 为图像块 X_i 的高四位平面数据；$C_i = (c_1,c_2,\cdots,c_h)$。我们选取前 N_{bp} 位，经加密后作为认证水印信息，其中 $h > N_{bp}$。

然后，利用提取的人脸 PCA 系数，生成信息水印。作为常用的一种人脸特征，特征脸系数能够重构人脸图像，在本章中，我们选用 PCA 系数作为信息水印，在较好地提取人脸有效信息的同时，有效压缩了需要嵌入的水印信息，保持了宿主图像的质量；并且当人脸图像遭受到篡改后，从正常区域提取嵌入的人脸系数，重构特征脸图像，可以以可见方式验证身份信息，或者直接用于人脸识别系统。首先，对于给定的一幅人脸图像，通过 KL 变换生成 PCA 系数 $B_m(m = 1,2,\cdots,T)$，其中 T 为生成 PCA 系数的个数，然后将一幅人脸中 T 个 PCA 系数周期地拓展为长度为 $Q = \lfloor \bar{N}_b / T \rfloor \times T$ 的向量，其中 $\bar{N}_b$ 为处于显著区域的图像块个数，最后将每一个 PCA 系数 $B_l(l = 1,2,\cdots,Q)$ 转换成长度为 32 位的二进制序列 $b_{l'}(l' = 1,2,\cdots,32)$，并嵌入原始人脸图像的显著区域。那么嵌入的特征脸系数共有 $\lfloor \bar{N}_b / T \rfloor$ 个备份。因此，如果一个或多个备份遭受破坏，仍可以从其他备份中恢复出特征脸图像。

4.3.3 水印嵌入

为了满足安全需要，提出方法共使用 k_1,k_2,k_2 和 k_4 来嵌入双水印。嵌入过程如图 4-2 所示，可以描述为如下步骤。

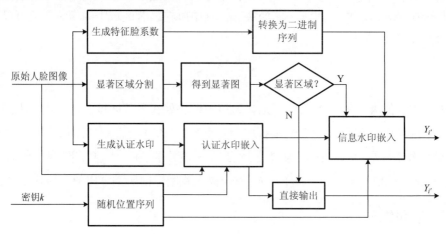

图 4-2 水印嵌入过程

（1）生成显著图。首先将图像 X 的低四位置零，标记为 $\bar{X}$，然后按 4.2 节描述方法生成显著图 $\mathrm{Mb}_{\mathrm{SR}}$。

（2）随机位置生成。为了抵抗合谋和量化攻击，本章采用提出的非确定多块依赖结构，从一个图像块中生成的水印等分后嵌入由密钥选择的其他多个图像块中。采用第 3 章中给出的混沌序列，利用密钥 k_2 产生位置序列 $f_a^k = (I_1^k, I_2^k, \cdots, I_{N_b}^k)$ $(k=1,2,3,4)$ 用于认证水印的嵌入，并利用密钥 k_3 产生位置序列 $f_c = (I_1, I_2, \cdots, I_{N_{\mathrm{ROI}}})$ 用于信息水印位嵌入，其中 N_{ROI} 为显著区域图像块个数。

（3）随机位置矩阵生成。为了提高定位精度，本章中图像分块大小从 8×8 降为 4×4。为了不损失安全强度，每一位水印信息嵌入低 4 个位平面中随机选取的位置。本章利用密钥 k_1 生成一个大小为 $N_{\mathrm{bp}} \times r(r=3)$ 的随机位置矩阵 M，其中，M 中元素大小为[1,4] 的一个整数，并且同一列元素大小不等，生成的随机位置矩阵用来选择嵌入的位平面。

（4）认证水印嵌入。将图像划分为大小为 4×4 的图像块，由每一个图像块的高四位，利用式（4-10）生成的 16 位认证水印，等分为 4 部分后，然后根据随机生成的位置序列 f_a，将 4 组水印分别嵌入其他 4 个图像块中，从而建立非确定多块依赖结构，如图 4-3 所示。对于每一个图像块，按如下步骤进行水印嵌入。

① 使用式（4-9）计算图像块 X_i 的 Hash 码 C_i，然后将其等分为 4 组 $C_i = (C_i^1, C_i^2, C_i^3, C_i^4), i=1,2,\cdots,N_b$。将等分后 4 组水印位嵌入其他 4 块图像块中。对于每一组水印 C_i^k，嵌入位置由位置序列 $f_a^k = (I_1^k, I_2^k, \cdots, I_{N_b}^k)(k=1,2,3,4)$ 决定。

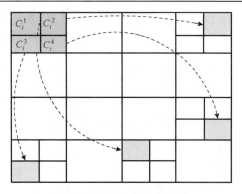

图 4-3　多块依赖嵌入结构

② 对于图像块 X_i 中的每个像素 $x_i^j, i=1,2,\cdots,N_b, j=1,2,\cdots,N_{bp}$，则认证水印位 c_i^j 嵌入位置由 $M[j][1],(j=1,2,\cdots,N_{bp})$ 决定。图 4-4(a)给出当 $M[j][1]=3$ 时，向像素 x_i^j 中嵌入认证水印的示意图，采用式（4-10）描述：

$$x_i'^j = \left\lfloor x_i^j / t_1 \right\rfloor \times 2t_1 + c_i^j \times t_1 + \mathrm{mod}(x_i^j, t_1) \qquad （4\text{-}10）$$

式中，$t_1 = 2^{M[j][1]}$；$\lfloor \cdot \rfloor$ 为向下取整操作。当嵌入认证水印后，产生出水印图像块 X_i'。

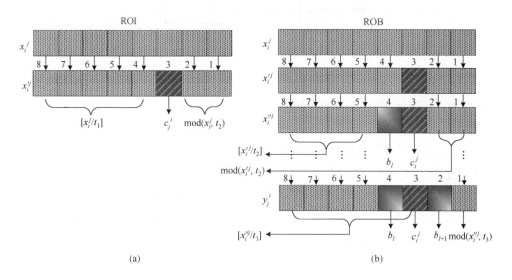

图 4-4　水印位嵌入

③ 向含认证水印信息图像 X_i' 中嵌入信息水印位，得到最终的含水印图像 Y。如前所述，一个特征脸系数转换为 32 位长的二进制序列，然后在随机位置序列 f_c 的控制下，嵌入处于显著区域中的图像块中。对于大小为 4×4 的图像块 X_i'，每个像素 $x_i'^j$ 需要嵌入两个信息水印位 b_l 和 b_{l+1}，嵌入位平面由 $M[k][2]$ 和 $M[k][3]$（$k=1,2,\cdots,N_{bp}$）

选择。图 4-4(b)给出当 $M[k][2] = 4$ 和 $M[k][3] = 2$ 时，向像素 $x_i'^j$ 嵌入两个信息水印的示意图，其中嵌入公式为

$$x_i''^j = \left\lfloor x_i'^j / t_2 \right\rfloor \times 2t_2 + b_l \times t_2 + \text{mod}(x_i'^j, t_2) \qquad (4\text{-}11)$$

$$y_i^j = \left\lfloor x_i''^j / t_3 \right\rfloor \times 2t_3 + b_{l+1} \times t_3 + \text{mod}(x_i''^j, t_3) \qquad (4\text{-}12)$$

式中，$t_2 = 2^{M[j][2]}$；$t_3 = 2^{M[j][3]}$。当嵌入完信息水印后，就得到最终含水印的人脸图像 Y。

4.3.4　篡改检测及定位

根据测试图像和正确的密钥，将图像块自身生成的水印信息等分为 4 组，与从对应块提取的 4 组水印信息进行比较，得到篡改定位结果，并采用多级认证策略提高篡改定位精度，如图 4-5 所示，具体步骤可以描述如下。

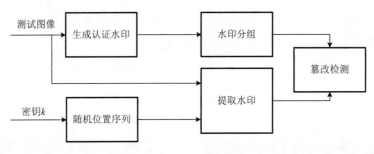

图 4-5　篡改检测

（1）利用密钥生成随机位置序列。同水印嵌入步骤，利用密钥 k_1 产生大小为 $N_{bp} \times r$ 的矩阵 M，其中 r 等于 3，利用密钥 k_2 产生四个随机位置序列 $f_a^k = (I_1^k, I_2^k, \cdots, I_{N_b}^k)$，$k = 1, 2, 3, 4$。

（2）水印生成及提取。将测试图像 Y^* 划分为大小为 4×4 的图像块 Y_i^*，$i = 1, 2, \cdots, N_b$，对于每个图像块，重复执行步骤（1）和步骤（2）。

① 将图像块的低 4 位置零，使用 MD5 函数生成 16 位的 Hash 码 C_i^*。然后将生成的 Hash 码等分为四组 $C_i^* = \{C_i^{1*}, C_i^{2*}, C_i^{3*}, C_i^{4*}\}$，$i = 1, 2, \cdots, N_b$，每组含 4 位水印信息。

② 利用上述生成的随机位置序列 f_a^k，选取与图像块 Y_i^* 对应的其他四个图像块 $\{Y_{f_i^1}^*, Y_{f_i^2}^*, Y_{f_i^3}^*, Y_{f_i^4}^*\}$，提取认证水印信息 $\{C_{f_i^1}^*, C_{f_i^2}^*, C_{f_i^3}^*, C_{f_i^4}^*\}$，提取公式为

$$C_i' = \text{mod}(\overline{y}_j^*, t_1) \qquad (4\text{-}13)$$

式中，$\overline{y}_j^* = y_j^* - \left\lfloor y_j^* / t_1 \right\rfloor \times 2t_1 - \text{mod}(y_j^*, t_1)$，$j = 1, 2, \cdots, N_p$，$t_1 = 2^{M[j][1]}$，符号 $\lfloor x \rfloor$ 代表着向下取整操作。

（3）篡改检测。本章利用三级检测机制，结合邻域的篡改情况，逐级提高篡改定位精度。

第一级检测：比较生成和从对应图像块提取的水印信息，产生篡改检测模板 $D_1 = \{d_i^1 \mid i = 1, 2, \cdots, N_b\}$，计算公式为

$$d_i^1 = \begin{cases} 0, & C_i^{k*} = C_i^{k'} \quad \forall k = 1, 2, 3, 4 \\ 1, & \text{其他} \end{cases} \tag{4-14}$$

对于图像块 Y_i^*，四组 C_i^{k*} 中任何一组等于对应的 $C_i^{k'}$，认为该图像块保持完整，标记为 $d_i^1 = 0$。否则该图像块遭受到篡改，标记为 $d_i^1 = 1$。

第二级检测：统计图像块的 9-邻域，如果篡改标记为"1"的图像块个数大于等于 5，则将该图像块标记为篡改，计算公式为

$$d_i^2 = \begin{cases} 0, & N_9(d_i^1) \leqslant 4 \\ 1, & \text{其他} \end{cases} \tag{4-15}$$

式中，$N_9(d_i^1)$ 表示 d_i^1 为中心的九邻域中为"1"的图像块个数。

第三级检测：根据测试图像块的周围四组图像块(N, NE, E), (E, SE, S), (S, SW, W), (W, NW, N)的状态进行篡改检测，其中 N 表示测试图像块上方的图像块，NE 表示测试图像块右上的图像块，E 表示测试图像块右侧的图像块，以此类推，如图 4-6 所示。如果这四组图像块中，至少有一组所有图像块的标记为"1"，则将该测试图像块认为篡改图像块。

NW	N	NE
W		E
SW	S	SE

图 4-6　邻域图像块分布

4.3.5　人脸特征数据恢复

通过上述检测结果，得到图像块的篡改标识。如果人脸图像保持完整，则可以直接用于人脸识别系统；否则，提取图像自身嵌入的信息水印，进行人脸特征恢复，具体步骤如下。

（1）将测试图像 Y^* 的最低 4 位置零，并通过 4.2 节描述方法计算出人脸图像的显著图 Mb_{SR}。

（2）将测试图像 Y^* 划分为 4×4 大小的图像块，并利用密钥 k_3，生成随机位置序列 $f_c = \{I_1, I_2, \cdots, I_{N_{ROI}}\}$，其中 N_{ROI} 为显著图 Mb_{SR} 中非零元素的个数。

（3）利用生成的随机位置序列 f_c，从处在显著区域的图像块中提取特征脸系数。在嵌入过程中，一个特征脸系数转换为 32 位长的二进制序列，并嵌入一个大小为 4×4 图像块的两个位平面中。因此，从每个像素中可以提取 2 位水印信息，具体提取公式为

$$b_l' = \mathrm{mod}(\bar{y}_j^*, t_2) \qquad (4\text{-}16)$$

式中，$\bar{y}_j^* = y_j^* - \lfloor y_j^*/t_2 \rfloor \times 2t_2 - \mathrm{mod}(y_j^*, t_2)$。

$$b_{l+1}' = \mathrm{mod}(\bar{y}_j^*, t_3) \qquad (4\text{-}17)$$

式中，$\bar{y}_j^* = y_j^* - \lfloor y_j^*/t_3 \rfloor \times 2t_3 - \mathrm{mod}(y_j^*, t_3)$。

（4）通过 4.3.4 节的篡改检测结果，将处在显著区域的图像块分为两大类：篡改图像块及正常图像块，将篡改图像块标记为"1"，同时将正常图像块标记为"0"，从而得到向量 $M_i \in \{0,1\}, i=1,2,\cdots,N_{\mathrm{ROI}}$。

（5）对于图像块篡改标识 $(M_j^1, M_j^2, \cdots, M_j^K)$，其中一个特征脸系数有 K 个备份，并且 $j=1,2,\cdots,T$，T 为一个人脸图像的特征脸系数个数。统计 $(M_j^1, M_j^2, \cdots, M_j^K)$ 中"1"和"0"的个数，分别标记为 c_j^1 和 c_j^0，然后通过如下公式得到最后的恢复特征脸系数 B^*：

$$B_j^* = \begin{cases} B_j, & c_j^0 \geqslant c_j^1 \\ 0, & 其他 \end{cases} \qquad (4\text{-}18)$$

4.4 水印算法性能分析

人脸图像中嵌入水印信息，不仅要满足水印算法的不可见性、安全性、定位精度，还需要保持人脸图像的身份区分能力。本节将对提出算法的性能进行分析。

4.4.1 不可见性

本章仍选用峰值信噪比（PSNR）作为衡量含水印图像不可见性的标准。因为提出算法针对显著性区域及背景区域嵌入不同强度的水印信息，所以针对显著区域和背景区域，分别推导出 PSNR 的理论值。

对于背景区域，在每个像素的低 4 个位平面中随机选择一个进行认证水印位的嵌入，并且嵌入 1-LSB, 2-LSB, 3-LSB 和 4-LSB 中的概率相等，可以表示为 $P_a^1 = P_a^2 = P_a^3 = P_a^4 = 1/4$。对于任何一个位平面，"0"和"1"出现的概率相等，并且嵌入水印后，发生改变的概率也相等，其值为 0.5。如果其中一位位平面相应位发生了改变，则改变值的大小对应着 1-LSB，2-LSB，3-LSB 和 4-LSB，分别为 2^0，2^1，2^2，2^3。因此，对于原始图像和含水印图像中像素值的偏差可以采用如下公式进行计算：

$$|x_w(i,j) - x(i,j)| = (0.5^2 + 0.5^2) \times 2^3 \times P_a^4 + (0.5^2 + 0.5^2) \times 2^2 \times P_a^3$$
$$+ (0.5^2 + 0.5^2) \times 2^1 \times P_a^2 + (0.5^2 + 0.5^2) \times 2^0 \times P_a^1 = 1.875 \quad (4\text{-}19)$$

那么背景区域的 PSNR 为

$$\mathrm{PSNR}_{\mathrm{ROB}} = 10\lg(b/\mathrm{MSE}) = 10\lg(255^2/1.875^2) = 42.6\mathrm{dB} \qquad (4\text{-}20)$$

对于显著性区域，在后四位位平面中，同时嵌入 1 位认证水印和 2 位信息水印。可能的嵌入位置如下：$\{1,2,3\}$，$\{1,2,4\}$，$\{1,3,4\}$，$\{2,3,4\}$ 共 4 种可能，并且每种可能的概率相同，其值为 1/4。不同位平面改变概率相等，其值为 0.5，且改变值的大小对应着 1-LSB，2-LSB，3-LSB 和 4-LSB，分别为 2^0，2^1，2^2，2^3。因此，对于显著区域中的原始图像和含水印图像中的一个像素，它们的偏差可以采用如下公式进行计算：

$$
\begin{aligned}
\left|x_w(i,j)-x(i,j)\right| &= (0.5\times2^0+0.5\times2^1+0.5\times2^2)\times1/4+(0.5\times2^0+0.5\times2^1\\
&\quad+0.5\times2^3)\times1/4+(0.5\times2^0+0.5\times2^2+0.5\times2^3)\times1/4\\
&\quad+(0.5\times2^1+0.5\times2^2+0.5\times2^2)\times1/4=5.625
\end{aligned}
\tag{4-21}
$$

相应地，显著区域的 PSNR 可以表示为

$$
\mathrm{PSNR}_{\mathrm{ROI}}=10\lg(b/\mathrm{MSE})=10\lg(255^2/5.625^2)=33.13\mathrm{dB} \tag{4-22}
$$

4.4.2　安全强度分析

为了定量分析提出水印算法在穷举攻击下的安全强度，采用第 2 章中给出的安全强度公式，具体定义参见第 2 章，即

$$
\mathrm{SS}=\min\left(\log_2\frac{1}{P_{\mathrm{ESA}}}\right) \tag{4-23}
$$

Lin 等[6]将原始图像划分为 2×2 的图像块，一个图像块嵌入 8 位水印信息，包括 6 位自恢复水印信息及 2 位认证水印信息。其中，2 位认证水印信息由图像块自身生成，6 位水印信息来自于其他图像块。在认证过程中，首先通过认证水印，判别其合法性，如果不合法，则将该图像块标记为篡改，然后再判别嵌入的 6 位信息水印与对应块生成的 6 位信息水印是否相等。因此，对于认证水印位，仅需要 2^2 次尝试就可以获取水印信息；对于 6 位信息水印位，共需要 $2^6\times N_b$ 次尝试（其中 N_b 为划分为图像块的个数）。因此，该文献提出方法在穷举攻击下的 P_{ESA} 为

$$
P_{\mathrm{ESA}}=1/(2^6\times N_b+2^2) \tag{4-24}
$$

该方法的安全强度为

$$
\mathrm{SS}_1=\log_2(2^6\times N_b+2^2)\approx6+\log_2 N_b \tag{4-25}
$$

对于 Wang 等[7]，原始图像被划分为大小为 2×2 的图像块，每个图像块共需嵌入 36 位水印信息，包含认证水印位及信息水印位。因为该方法是块独立的，只需要尝试 2^{36} 次就可以伪造一个合法的图像块，所以相应的安全强度为

$$
\mathrm{SS}_2=\log_2 2^{36}=36 \tag{4-26}
$$

在本章提出的方法中，图像被划分为 4×4 的图像块，对于每个图像块，生成 16 位认证水印信息，然后等分为 4 组后，分别嵌入由随机位置序列选择的其他 4 个图像块

内部，并且每一位认证水印的嵌入位置是在低 4 位最低有效位中随机选择的。因此，为了伪造一个合法的图像块，共需要尝试 $(2^{4\times4} \times N_b)^4 = 2^{64} \times N_b^4$ 次。最终，本章提出方法在穷举攻击下的 P_{ESA} 为

$$P_{\text{ESA}} = 1/(2^{64} \times N_b^4) \tag{4-27}$$

相应地，提出方法的安全强度为

$$\text{SS}_3 = \log_2(2^{64} \times N_b^4) = 64 + 4\log_2 N_b \tag{4-28}$$

通过上述分析，我们可以得出如下关系式：

$$\text{SS}_1 < \text{SS}_2 < \text{SS}_3 \tag{4-29}$$

安全强度越大，算法越安全。本章提出方法相对文献[6]、[7]具有较大的安全强度，并且如果安全强度大于等于 64，才认为算法是安全的[8]。因此本章提出方法可以认为满足安全要求。

4.4.3 定位精度分析

为了评价提出三层认证水印算法的定位性能，按照前面推导定位精度的方法，对本章提出方法的定位精度加以分析，并且使用仿真结果来验证理论推导的正确性。

1）篡改区域中的检测精度

在篡改区域中，如果图像块 Y_i^* 中任何一个像素发生了改变，由 Hash 函数的敏感性可知，从图像块 Y_i^* 中生成的 Hash 码 C_i^{k*} 也相应地发生了变化。很显然，对于篡改区域中的图像块生成的水印信息"0"和"1"改变的概率为 0.5。对于每组生成水印 C_i^{k*}，如果其中任何一位发生改变，则认为该部分遭受了改变。对于含有 4 位信息的水印 $C_i^{k*}(k=1,2,\cdots,4)$，则每位都保持不变的概率为 0.5^4，相应地发生改变的概率为 $1-0.5^4$。令 p_c^k 表示如下概率：如果一个图像块处在篡改区域中，生成的四组 4 位的水印 $W_i^{k*}(k=1,2,3,4)$，共有 $0,1,\cdots,4$ 组遭受篡改的概率，则计算公式为

$$p_c^k = C_4^k(1-0.5^4)^k(0.5^4)^{4-k} \tag{4-30}$$

篡改操作不仅影响图像块的内容，即影响所生成的水印信息，还破坏了嵌入篡改图像块中的水印信息。对于一图像来说，假设篡改区域占整个图像区域的比例为 a，则图像块 Y_i^* 处在篡改区域的概率为 a，处在正常图像区域的比例为 $1-a$。假设 Y_i^* 处在篡改区域中，但 C_i^{k*} 保持不变：如果 C_i^{k*} 嵌入的图像块 $Y_{f_i^k}^*$ 处在正常区域中，则 C_i^{k*} 被标记为篡改的概率为 0；如果 C_i^{k*} 嵌入的图像块 $Y_{f_i^k}^*$ 处在篡改区域中，则 C_i^{k*} 被标记为篡改的概率为 $1-0.5^4$。p_f 表示为假设 Y_i^* 处在篡改区域中，虽然 C_i^{k*} 保持不变，但是仍然被标记为篡改的概率，可以描述为

$$p_f = (1-a) \times 0 + a \times (1 - 0.5^4) = (1 - 0.5^4)a \qquad (4\text{-}31)$$

p_t 表示为，若 C_i^{k*} 发生改变，则被标记为篡改的概率。如果 C_i^{k*} 嵌入的图像块 $Y_{f_i^k}^*$ 处在篡改区域外，则 C_i^{k*} 被标记为篡改的概率为 1，否则，C_i^{k*} 被标记为篡改的概率为 $1-0.5^4$。概率 p_t 可以描述为

$$p_t = (1-a) \times 1 + a \times (1 - 0.5^4) = 1 - 0.5^4 a \qquad (4\text{-}32)$$

第一级检测概率：在篡改检测过程中，我们指出四组生成水印信息 $C_i^{k*}(k=1,2,3,4)$，其中的任何一组等于提取的对应组 $C_i^{k'}(k=1,2,3,4)$，则该图像块标记为正常图像块。也就是说，仅当四组水印信息 $C_i^{k*}(k=1,2,3,4)$ 和对应的 $C_i^{k'}(k=1,2,3,4)$ 都不相同的时候，才将该图像块 Y_i^* 标记为篡改图像块，则第一级检测概率 P_{1L} 可以描述为

$$P_{1L} = p_c^0 \times p_f^4 + p_c^1 \times p_f^3 \times p_t + p_c^2 \times p_f^2 \times p_t^2 + p_c^3 \times p_f \times p_t^3 + p_c^4 \times p_t^4 \qquad (4\text{-}33)$$

式（4-33）的第一部分表明四组 C_i^{k*} 都未发生改变，但都被标记为篡改，则该测试图像块被标记为篡改；第二部分表示仅其中一组 C_i^{k*} 发生改变，但四组都被标记为篡改；第三部分表示其中 2 组 C_i^{k*} 发生改变，但四组都被标记为篡改；第四部分表示其中 3 组 C_i^{k*} 发生改变，但四组都被标记为篡改；第五部分表示其中 4 组 C_i^{k*} 都发生改变，且都被标记为篡改。

第二级检测：对于一图像块，如果其 9-邻域中篡改标记为 "1" 的个数大于等于 5，则该图像块标记为篡改，否则为正常图像块，定位精度可以描述为

$$P_{2L} = P_{1L}^9 + C_9^8 P_{1L}^8 (1 - P_{1L}) + C_9^7 P_{1L}^7 (1 - P_{1L})^2 + C_9^6 P_{1L}^6 (1 - P_{1L})^3 + C_9^5 P_{1L}^5 (1 - P_{1L})^4 \qquad (4\text{-}34)$$

式（4-34）的第一项表示在 9-邻域中，所有的图像块都被标记为篡改；第二项表示其中 8 个图像块被标记为篡改；第三项表示其中 7 个图像块被标记为篡改；第四项表示其中 6 个图像块被标记为篡改；第五项表示其中 5 个图像块被标记为篡改。

第三级检测：在第三级检测中，考察四个三角邻域块(N, NE, E), (E, SE, S), (S, SW, W), (W, NW, N)，如果任何一个三角邻域块中所有的篡改标记为 1，那么该块标记为篡改。第三级检测的定位精度为

$$\begin{aligned}
P_{3L} = & \ C_4^1 P_{2L}^3 (1 - P_{2L})^5 + C_4^1 P_{2L}^8 C_5^1 P_{2L} (1 - P_{2L})^4 + [C_8^3 P_{2L}^5 (1 - P_{2L})^3 \\
& - C_4^1 P_{2L}^5 (1 - P_{2L})^3] + [C_8^2 P_{2L}^6 (1 - P_{2L})^2 - C_2^1 P_{2L}^6 (1 - P_{2L})^2] \\
& + C_8^1 P_{2L}^7 (1 - P_{2L}) + P_{2L}^5 \qquad (4\text{-}35)
\end{aligned}$$

式（4-35）的第一项表示在 8-邻域中，仅有三个图像块标记为篡改，并且它们处在同一个三角邻域中；第二项表示四个图像块被标记为篡改，其中三个处在同一个三角邻域中；第三项表示 5 个图像块被标记为篡改，仅不满足在四个角各有一个篡改块的情况；第四部分表示六个图像块被标记为篡改，仅不满足处于两行或两列；第五项满足七个图像块被标记为篡改。

2）正常区域的虚警率

正常图像块生成的水印信息，等分四部分后嵌入其他对应的四个图像块中，如果该四个图像块处于篡改区域中，则嵌入的水印发生了改变，从正常图像块生成的四组水印与从四个篡改图像块中提取的水印都不相等，从而使正常图像块被标记为篡改块，引起虚警，如果虚警过高，则影响后续的恢复。本节给出虚警的理论推导。假设篡改区域的比例为 a，则正常区域的比例为 $1-a$。由正常图像块生成的 C_i^{k*} 被标记为篡改的概率为

$$p_{\mathrm{nd}} = (1-a)\times 0 + a\times(1-0.5^4) = (1-0.5^4)a \tag{4-36}$$

式（4-36）的第一项表示嵌入水印的图像块 $Y_{f_i}^*$ 处在正常区域中，生成与嵌入水印不等的概率为 0；第二项表明嵌入水印的图像块 $Y_{f_i}^*$ 处在篡改区域中，则不相等的概率为 $1-0.5^4$。

第一级检测虚警率：对于一测试图像块，仅当所有四组都不同的时候，该图像块才被标记为篡改。因此，第一级篡改检测虚警率 $p_{1\mathrm{Lf}}$ 可以描述为

$$p_{1\mathrm{Lf}} = p_{\mathrm{nd}}^4 \tag{4-37}$$

第二级检测虚警率：第二级篡改检测虚警率 $p_{2\mathrm{Lf}}$ 可以采用式（4-38）计算，并且针对该公式每一部分的说明如式（4-35），有

$$P_{2\mathrm{Lf}} = P_{1\mathrm{Lf}}^9 + C_9^8 P_{1\mathrm{Lf}}^8(1-P_{1\mathrm{Lf}}) + C_9^7 P_{1\mathrm{Lf}}^7(1-P_{1\mathrm{Lf}})^2 + C_9^6 P_{1\mathrm{Lf}}^6(1-P_{1\mathrm{Lf}})^3 + C_9^5 P_{1\mathrm{Lf}}^5(1-P_{1\mathrm{Lf}})^4 \tag{4-38}$$

第三级检测虚警率：第三级检测虚警率计算公式如式（4-39）所示，并且每一项的解释参见式（4-35）的解释。

$$\begin{aligned}
P_{3\mathrm{Lf}} &= C_4^1 P_{2\mathrm{Lf}}^3(1-P_{2\mathrm{Lf}})^5 + C_4^1 P_{2\mathrm{Lf}}^8 C_5^1 P_{2\mathrm{Lf}}(1-P_{2\mathrm{Lf}})^4 + C_8^3 P_{2\mathrm{Lf}}^5(1-P_{2\mathrm{Lf}})^3 \\
&\quad - C_4^1 P_{2\mathrm{Lf}}^5(1-P_{2\mathrm{Lf}})^3 + [C_8^2 P_{2\mathrm{Lf}}^6(1-P_{2\mathrm{Lf}})^2 - C_2^1 P_{2\mathrm{Lf}}^6(1-P_{2\mathrm{Lf}})^2] \\
&\quad + C_8^1 P_{2\mathrm{Lf}}^7(1-P_{2\mathrm{Lf}}) + P_{2\mathrm{Lf}}^5
\end{aligned} \tag{4-39}$$

3）仿真结果

本节选用第 3 章中给出的篡改检测概率（EP_d）及错误虚警率 $\mathrm{EP}_{\mathrm{fd}}$ 的计算公式，并对仿真结果进行定量分析：

$$\mathrm{EP}_d = N_d / N_t \times 100\% \tag{4-40}$$

$$\mathrm{EP}_{\mathrm{fd}} = F_d / (N_b - N_t) \times 100\% \tag{4-41}$$

在仿真实验中，我们选择 FERET 人脸数据库作为图像集。随机从人脸数据库中选取 50 幅人脸图像。然后对其进行随机篡改，其中篡改比 a 在[0.01, 0.7]，间隔为 0.01。在每个篡改比 a 下，我们对图像随机进行 20 次的区域篡改，分别得到三级篡改检测结果 EP_{1L}，EP_{2L} 和 EP_{3L}，然后在图 4-7 中画出三级定位精度的理论与仿真结果。其中 1-L

Theoretic，2-L Theoretic 和 3-L Theoretic 代表着理论值 P_{1L}，P_{2L} 和 P_{3L}，同时 1-L Experimental，2-L Experimental 和 3-L Experimental 代表着仿真结果值 EP_{1L}，EP_{2L} 和 EP_{3L}。从图中可以看出，经过三级篡改检测，定位精度得到大大提高，从 75%左右提高到几乎 100% 的定位精度，说明提出方法具有很好的定位效果，并且仿真结果和理论推导结果相仿，说明我们理论推导的正确性。

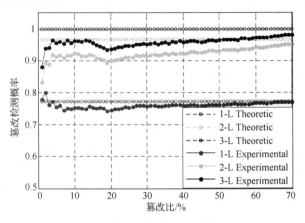

图 4-7　篡改定位精度

图 4-8 给出虚警率的理论与仿真结果。从图中可以看出，经过三级篡改检测，虚警检测概率大大降低，当篡改比达到 70%的时候，虚警率仅有 2.4%。说明提出方法具有很好的定位效果，并且仿真结果和理论推导结果相仿，说明我们理论推导的正确性。

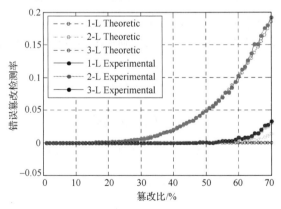

图 4-8　错误虚警率

4）生物特征数据恢复率

通过上述推导，我们得到篡改检测概率 P_{3L} 及虚警率 P_{3Lf}。本节基于篡改检测概率及虚警率，给出特征数据恢复率的理论推导。假设显著区域占整个图像的比例为 P_{ROI}，篡改区域占整个图像面积的比例为 a，并且嵌入特征有 T 个备份。在提取特征数据的时候，如果从正常图像块提取，则得到正确的系数，否则，将认为得到的是错误的系数。下面给出特征数据恢复率的理论推导。

首先，$P_{\text{LT|ROI}}$ 表示处在显著区域中的图像块被标记为篡改的概率，可以描述为

$$P_{\text{LT|ROI}} = P_{\text{ROI}} \times a \times P_{3L} + P_{\text{ROI}} \times (1-a) \times P_{3Lf} \tag{4-42}$$

式（4-42）的第一项表示篡改显著区域的篡改检测概率；第二项表示在显著区域中正常图像块的虚警率。因此，处在显著区域中的图像块被标记为正常图像块的概率为

$$P_{\text{LUT|ROI}} = 1 - P_{\text{LT|ROI}} \tag{4-43}$$

正确提取特征脸系数的概率可以描述为

$$p_1 = P_{\text{LUT|ROI}} - P_{\text{ROI}} \times a \times (1 - P_{3L}) \tag{4-44}$$

式（4-44）的第一项表示在显著区域中，一图像块标记为正常图像块的概率；第二项表示处在显著区域中的篡改区域的图像块，但被标记为正常图像块的概率。

处在显著区域中的篡改区域的图像块被标记为正常图像块，则从这些图像块中提取的特征脸系数认为是正确的，该正确概率可以描述为

$$p_2 = P_{\text{ROI}} \times a \times (1 - P_{3L}) \tag{4-45}$$

如果一图像块被标记为篡改，则从这些图像块中提取的特征脸系数认为遭到破坏，舍弃这些遭到破坏的系数。一特征脸系数被认为遭到破坏的概率可以定义为 p_3，可以描述为

$$p_3 = P_{\text{ROI}} \times a \times P_{3L} + P_{\text{ROI}} \times (1-a) \times P_{3Lf} \tag{4-46}$$

当一系数的 T 个备份提取出来时，采用投票机制降低错误恢复率。假设提出方法中，每个系数共有 4 个备份，即 T 等于 4，则正确提取特征脸系数的概率可以由如下公式组成：

$$R_1 = C_4^4 P_1^4 \tag{4-47}$$

$$R_2 = C_4^3 p_1^3 (1 - p_1) \tag{4-48}$$

$$R_3 = C_4^2 p_1^2 (1 - p_1)^2 (C_2^1 p_2^1 p_3^1 + p_3^2) \tag{4-49}$$

$$R_4 = C_4^1 p_1^1 (1 - p_1)^3 p_3^3 \tag{4-50}$$

$$R = R_1 + R_2 + R_3 + R_4 \tag{4-51}$$

式中，概率 $R_i (i = 1, 2, 3, 4)$ 代表着 4 种情况下的特征脸系数恢复概率。R_1 表示提取的 4 个系数都是正确的情况；R_2 表示 3 个系数是正确的，1 个是错误的；R_3 表示 2 个系数是正确的，2 个是错误的；R_4 表示 1 个系数是正确的，3 个是错误的。因此，R 代表着总的正确恢复概率。

接下来，我们利用仿真实验来验证上述理论推导的正确性。我们随机篡改图像，

其中篡改比 a 在[0.01, 0.7]，间隔为 0.01。在每个篡改比 a 下，我们对图像随机进行 20 次的区域篡改，然后考察不利用投票机制和利用投票机制下的恢复效果。将仿真结果和理论分析结果画在图 4-9 上，从图中可以看出，仿真结果和理论推导结果比较吻合，并且当篡改比低于 20% 的时候，基本上可以完全正确地恢复出来；即使当篡改比等于 30% 的时候，恢复率仍然达到 90%。采用投票机制和未采用投票机制得到的恢复率基本上保持一致，原因在于我们的认证算法具有较好的定位精度。只有当篡改比较大时，此时的虚警率增大，采用投票机制得到的恢复效果要优于未采用投票机制的结果。

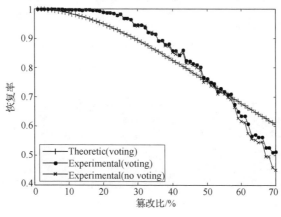

图 4-9　人脸特征恢复率

4.5　实验结果与分析

本节利用一系列的实验来验证提出算法的有效性。首先，选用常用的 FERET 人脸数据库[9]作为研究对象，该图像库共含有 1191 张人脸，每人有两个人脸（FA/FB），将其归一化为 128×152。从 FA 集随机选取 500 幅人脸作为参考集，从 FB 中随机选取 500 幅人脸作为测试集。引入三个评判标准用来衡量提出算法的有效性：含水印图像质量、峰值信噪比（PSNR）及识别率；认证算法的篡改定位精度；特征恢复正确率。

图 4-10 给出含水印人脸图像的质量，图 4-10(a)为原始图像；图 4-10(b)为嵌入认证水印后的人脸图像，其 PSNR 为 43.8dB；图 4-10(c)为嵌入信息水印后的人脸图像，其中背景区域的 PSNR 是 43.8dB，显著区域的 PSNR 为 35.8dB，图像具有较高的质量、并且实际结果和通过式（4-20）及式（4-21）推导出来的理论值较为符合，说明理论推导的正确性。

为了验证认证水印算法的定位精度，图 4-11 和图 4-12 分别给出在篡改比为 30% 和 70% 下的检测结果。从图中可以看出，经过第一级检测后，存在着一定的虚警，特别是篡改比较大的时候，虚警块更多，经过第二级处理后，虚警得到大大降低，但是仍有一定的漏警，然后经过第三级处理，基本上能较好地定位出篡改区域，为正确恢复人脸特征打下基础。同时，我们给出采用 Wang 等[7]的检测结果，从图中可以看出，

Wang 等[7]较完美地定位出篡改区域，然而该认证方法是基于块独立的，容易受合谋攻击和量化攻击，存在着安全隐患。而我们提出算法通过多块依赖结构建立了图像块之间的非确定依赖关系，可以有效地抵抗量化和合谋攻击，并且具有较高的安全强度。

(a) 原始人脸图像　　　　(b) 嵌入认证水印后图像　　　　(c) 嵌入特征水印后图像

图 4-10　含水印人脸图像质量

  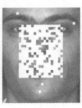  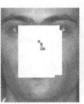

(a) 原始图像　　(b) 篡改图像　　(c) 第一级　　(d) 第二级　　(e) 第三级　　(f) Wang 等[7]方法

图 4-11　篡改比为 30%时的篡改检测结果

(a) 原始图像　　(b) 篡改图像　　(c) 第一级　　(d) 第二级　　(e) 第三级　　(f) Wang 等[7]方法

图 4-12　篡改比为 70%时的篡改检测结果

　　原始人脸图像受嵌入水印影响，可能导致识别率下降，降低身份区分能力。为了减少这种负面影响，本章提出算法在嵌入水印的时候，考虑了人脸图像不同区域受水印影响不同，从而分别嵌入不同量的水印。我们将人脸图像分为显著区域及背景区域，背景区域比较光滑，易受水印影响，我们仅嵌入认证水印，完成图像的完整性认证；对于显著区域，其为信息丰富的区域，相对能嵌入较多的水印，我们将信息水印位嵌入该区域。在实验中，我们将参考图像集保持不变，分三种策略向测试图像集中嵌入水印：首先将同等数量的信息水印嵌入整幅人脸图像中；然后将同等数量的信息水印仅嵌入背景区域中；最后将同等数量的信息水印嵌入感兴趣区域中，分别命名为"Wm1"，"Wm2"，"Wm3"，原始图像为"Original"。分别提取人脸图像的 PCA 特征、

Gabor 特征及 LBP 特征，采用最近邻（Nearest Neighbor，NN）作为分类器。其中 PCA 选用 95%的能量，含 152 个 PCA 系数；Gabor 特征为 4 尺度 8 方向；并采用 Ahonen 等[10]的方法提取 LBP 特征。

　　等级曲线分析是常用于 FERET 数据库不同识别算法评价的工具，它提供了分析识别算法识别等级的有效方法。该方法相对比较简单，但是它能提供不同识别等级上的信息。图 4-13～图 4-15 给出使用 3 种特征，对图像 "Wm1"，"Wm2" 和 "Wm3" 的识别结果。从图中可以看出，PCA 特征代表着人脸图像的全局特征，Gabor 特征是通过高斯卷积实现的，两者受噪声影响较小，而水印可以看出加在图像上的噪声，因此对 PCA 和 Gabor 特征影响较小，通过提取 PCA 和 Gabor 特征进行识别，可以看出 3 类图像的识别率相近。而 LBP 代表着局部纹理特征，易受噪声影响，因此，从图 4-15 中可以看出，"Wm1"，"Wm2" 和 "Wm3" 的识别率低于 "Original"，而 "Wm3" 高于 "Wm1" 和 "Wm2"，说明提出算法在一定程度上较好地保持了原始图像的纹理特征，具有一定的有效性。

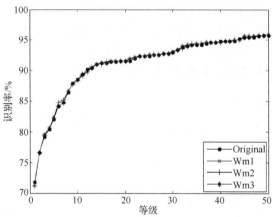

图 4-13　基于 PCA 特征的识别率

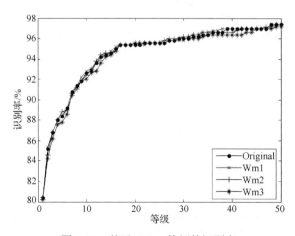

图 4-14　基于 Gabor 特征的识别率

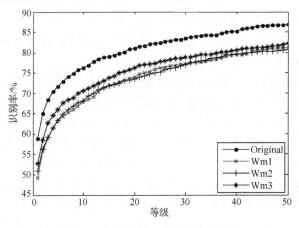

图 4-15　基于 LBP 特征的识别率

　　最后我们给出提出算法在特征恢复上的有效性。图 4-16 给出算法在不同篡改比下，恢复特征的识别率。从图中可以看出，当篡改比低于 0.3 的时候，提出算法能较好地恢复图像的特征，识别结果和正常图像基本相同。随着篡改比的增加，更多的水印信息遭受到破坏，相应地，识别率也下降得非常快。

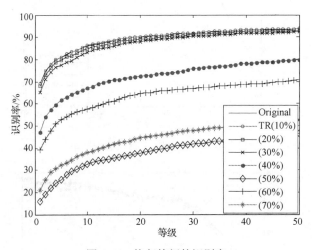

图 4-16　恢复特征的识别率

　　图 4-17 给出在篡改比为[0.1 0.7]，间隔为 0.2 时的恢复特征脸，其中特征脸系数一个备份的个数为 128。第一列为原始图像；第二列为在篡改比为 10%时的恢复特征脸图像；第 3 列为在篡改比为 30%时的恢复特征脸，以此类推。从图中可以看出，当篡改比小于等于 0.3 时，能较好地恢复出人脸图像。然而当篡改比为 0.5 的时候，对于第一幅人脸，能有效地恢复特征脸图像；然而对于第二幅人脸，当篡改比为 0.5 的时候，不能有效恢复出正确的人脸图像，然而当篡改比为 0.7 的时候，恢复图像质量反

而高于 0.5 时的情况，这是因为对于 PCA 系数，不同的系数重要性不同，虽然篡改比为 0.7 的时候，遭受破坏的系数较多，但是可能都不是重要的，但是当篡改比为 0.5 的时候，虽然遭受破坏的系数不多，但是部分重要系数遭到破坏，故恢复出的图像质量反而不如在篡改比为 0.7 的时候。

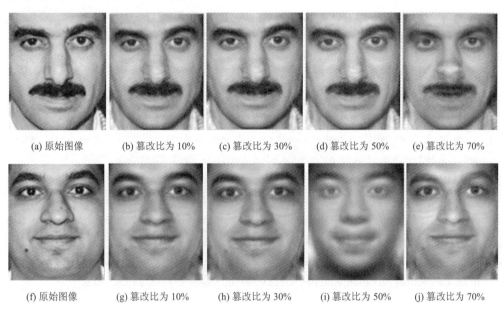

(a) 原始图像　　(b) 篡改比为 10%　　(c) 篡改比为 30%　　(d) 篡改比为 50%　　(e) 篡改比为 70%

(f) 原始图像　　(g) 篡改比为 10%　　(h) 篡改比为 30%　　(i) 篡改比为 50%　　(j) 篡改比为 70%

图 4-17　恢复出的特征脸图像

4.6　本 章 小 结

水印算法可以有效地保护人脸图像的完整性，并且能对破坏的特征进行恢复。然而，向人脸图像中嵌入水印信息，会降低人脸图像的身份区分能力。本章给出一种基于显著区域脆弱水印的人脸图像保护算法，首先将图像划分为显著区域与背景区域，将认证水印嵌入整幅图像中完成完整性认证，并将信息水印信息嵌入显著区域中，有效保持图像的身份区分能力。在测试时，首先利用提出的多级验证水印算法，以较高的定位精度定位出篡改区域，然后利用隐含在自身的信息水印恢复受破坏的特征数据，并且根据特征数据可以重构出特征脸图像。即使图像篡改比达到 30% 的时候，恢复的特征数据仍能用于认证。

参 考 文 献

[1]　Komninos N, Dimitriou T. Protecting biometric templates with image watermarking techniques[C].

The 2nd International Conference on Biometrics, 2007: 114-123.

[2] Anil K J, Uludag U. Hiding biometric data[J]. IEEE Transactions on Pattern Analysis and Machine Intelligence, 2003, 25(11): 1494-1498.

[3] Chen C H, Chang L W. A digital watermarking scheme for personal image authentication using eigen-face[J]. Lecture Notes in Computer Science, 2005, 3333: 410-417.

[4] Harel J C K. Graph-based visual saliency[C]. NIPS, 2006: 545-552.

[5] He H J, Zhang J S, Tai H M. Block-chain based fragile watermarking scheme with superior localization[A]. IH 2008, 2008: 147-160.

[6] Lin P L, Hsieh C K, Huang P W. A hierarchical digital watermarking method for image tampers detection and recovery[J]. Pattern Recognition, 2005, 38(12): 2519-2529.

[7] Wang M S, Chen W C. A majority-voting based watermarking scheme for color image tamper detection and recovery[J]. Computer Standards & Interfaces, 2007, 29(5): 561-570.

[8] Wong P W, Memon N. Secret and public key image watermarking schemes for image authentication and ownership verification[J]. IEEE Transaction on Image Processing, 2001, 10(10): 1593-1601.

[9] Phillips J P J, Wechsler H, Rauss P. The FERET database and evaluation procedure for face recognition algorithm[J]. Image and Vision Computing, 1998, 16: 295-306.

[10] Ahonen A T, Pietika M. Face description with local binary patterns: application to face recognition[J]. IEEE Transactions on Pattern Analysis and Machine Intelligence, 1998, 28: 295-306.

第5章 冗余环嵌入的脆弱自恢复水印
及生物特征图像保护算法

5.1 引　言

图像自恢复水印算法不仅能定位出图像的篡改区域，而且能利用自身嵌入的信息恢复篡改区域。根据是否能容忍内容保持操作，可以将自恢复水印算法分为脆弱自恢复水印和半脆弱自恢复水印算法。本章主要研究脆弱自恢复水印算法。

早在 1999 年，Fridrich 等[1]提出一种自嵌入脆弱水印算法，该方法将图像划分为 8×8 的图像块，针对每一个图像块进行 DCT、量化和编码，经加密后生成 64 的认证水印，然后通过映射函数，将从图像块生成的水印信息嵌入其他图像块的最低有效位中，从而建立块之间的依赖关系，可以有效抵抗合谋[2]和量化[3]攻击。在检测过程中，通过判别生成的水印和从其他块提取的水印关系判别图像块的完整性，当检测到篡改时，利用从正常块中提取的水印信息进行恢复。然而该方法存在两个明显的缺陷：①块映射序列通过偏移一固定值生成，而该信息容易被攻击者所掌握，进而进行移植攻击；②该方法并没有给出具体的篡改定位策略，算法定位精度不知，而篡改定位精度和后续的恢复息息相关，因此算法的有效性还需进一步的验证。

为了解决上述算法存在的缺陷，Lin 等[4]提出一种分层的篡改检测与自恢复算法。该方法采用奇偶校验和灰度相关校验方法来验证图像块的完整性，同时引入分层结构来提高篡改定位精度，然而该方法受合谋攻击影响。另外，该方法受 Constant-average 攻击及 Chang 等[5]专门针对该方法提出的字典攻击影响。为了提高安全性，文献[6]提出一种新的基于邻域块篡改特性的脆弱自恢复算法，该方法将图像分为 2×2 的图像块，然后生成 6 位信息水印加上 2 位认证水印共 8 位水印信息，在密钥的控制下嵌入其他图像块的最低两个位平面，并且通过邻域篡改特性提高了篡改检测精度，具有较高的图像恢复质量。然而，该方法图像块较小，安全强度较低，存在着安全隐患。为了解决这个问题，He 等[7]提出一个基于邻域块统计算法的脆弱水印算法，该方法将图像划分为 8×8 的图像块，经过 DCT、量化及编码后，生成 64 位的水印信息，在密钥的控制下，嵌入其他图像块的最低有效位，在检测过程中，通过基于统计的方法提高了篡改检测精度。然而，如果图像块及嵌入水印的图像块同时发生篡改，则恢复失败。Zhang 等[8]通过引入压缩感知的思想，解决图像块与嵌入图像块同时发生篡改而不能有效恢复的问题，然而该方法同时嵌入了认证水印及信息水印，增加了嵌入量，从而降低了宿主图像质量；Lee 等[9]提出一个双信息水印的方法用于篡改检测及恢复。在该方法中，信息水印的两个备份嵌入图像自身，如果一个水印遭到破坏，则利用另一个备份恢复篡改区域，提高了图像恢复质量。然而该认证方法是块独立的，易受量化攻击和合谋攻击的影响。

为了在满足安全性的前提下，提高篡改检测精度和恢复图像质量，本章给出一个基于冗余度环结构的脆弱自恢复水印算法。提出方法用于人脸及指纹保护中，提高了生物特征图像的安全性。

5.2　冗余环结构

本章提出的自嵌入水印算法是基于块依赖结构的，即从一图像块生成的水印嵌入其他图像块中，在检测的过程中，生成的水印与从对应块提取的水印进行比较。然而，当两者不相同的时候，不能有效区分是生成的水印遭受到破坏，还是提取出的水印遭受到破坏，一般情况下，将两者同时标注为篡改，这样就会带来一定的虚警，通过后续处理进一步降低虚警。为了降低虚警，提高定位精度，同时提高篡改恢复图像质量，本章给出一种基于冗余度环的脆弱自恢复水印算法，如图 5-1 所示。其中 $X_{I(i)}$ 代表着目标图像块，由该图像块的高 6 位位平面信息生成水印信息 $W_{I(i)}$，然后将生成的水印信息嵌入它的下一个图像块 $X_{I(i+1)}$ 的最低有效位，而通过由图像块 $X_{I(i+1)}$ 生成的水印信息 $W_{I(i+1)}$ 嵌入它的下一个图像块 $X_{I(i+2)}$ 的最低有效位，该嵌入过程直至最后一个水印嵌入图像块 $X_{I(i)}$ 中，从而形成一个环状结构。

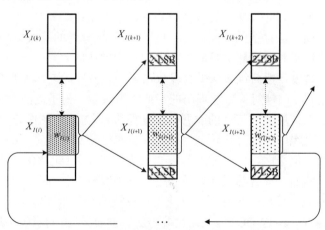

图 5-1　双冗余度环结构

为了提高篡改恢复概率，$W_{I(i)}$ 不仅嵌入它的下一个图像块中 $X_{I(i+1)}$，同时嵌入 $X_{I(i+1)}$ 的备份块 $X_{I(k+1)}$ 中，从而形成一个冗余度环结构。在判别图像块 $X_{I(i+1)}$ 的完整性的时候，通过比较 $X_{I(i+1)}$ 邻域与 $X_{I(i+2)}$ 邻域的篡改情况，得到一个篡改检测标识；同时比较 $X_{I(i+1)}$ 邻域与 $X_{I(k+2)}$ 邻域的篡改情况，可以得到另一个篡改检测标识。通过融合两个篡改检测结果，可以提高算法的定位精度。在恢复篡改图像块的时候，即使一个备份遭受到破坏，仍然可以通过提取另一个备份来恢复篡改图像块，从而提高篡改图像的恢复质量。

5.3　脆弱自恢复水印算法

本章提出的水印算法包括以下三部分：水印生成及嵌入、篡改检测、篡改图像恢复。下面对每部分分别进行论述。

5.3.1　水印嵌入

图 5-2 给出水印嵌入过程，具体步骤描述如下。

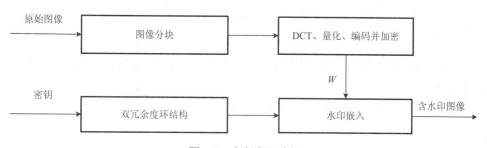

图 5-2　水印嵌入过程

（1）图像分块。将图像 X 的最低 2 个位平面置零，标记为 $\overline{X}$，然后将 $\overline{X}$ 等分为 8×8 的图像块 $\overline{X}_i, i=1,2,\cdots,N_b$，其中 N_b 为划分的图像块个数。

（2）水印信息生成。对图像块 $\overline{X}_i$ 进行 DCT，并用指定的 JPEG 压缩质量因子 Q 和量化表对变换系数进行量化，然后对量化后的系数按照 ZigZag 从低频到高频进行排序，得到系数组 $C=\{c_1,c_2,\cdots,c_N\}$，其中图像块 $\overline{X}_i$ 第 j 个系数标记为 $c_i(j)$。将生成的前 14 个系数编码成一个 64 位的二进制序列，每个系数的编码长度如图 5-3 所示[7]。使用密钥 K_1 对生成的二进制序列进行加密，产生一个 64 位长的水印信息 W_i，加密过程提高了算法的安全性。

（3）基于冗余环结构的水印信息嵌入。对于图像块 $\overline{X}_{I(i)}$，按步骤（2）生成加密后的 64 位水印信息 $W_{I(i)}$，然后分别嵌入图像块 $\overline{X}_{I(i+1)}$ 的最低有效位和图像块 $\overline{X}_{I(k+1)}$ 的次低有效位，其中位置序列 I 的生成步骤如下。

① 首先通过下述混沌序列，生成长度为 N 的位置序列 $B=\{b_1,b_2,\cdots,b_N\}$[10]。

$$b_{n+1}=[1+0.3\times(b_{n-1}-1.08)+379\times b_n^2+1001\times z_n^2]\bmod 3 \qquad (5\text{-}1)$$

$$\begin{bmatrix}
7 & 6 & 5 & 4 & 0 & 0 & 0 & 0 \\
6 & 6 & 4 & 3 & 0 & 0 & 0 & 0 \\
5 & 4 & 4 & 0 & 0 & 0 & 0 & 0 \\
4 & 3 & 0 & 0 & 0 & 0 & 0 & 0 \\
3 & 0 & 0 & 0 & 0 & 0 & 0 & 0 \\
0 & 0 & 0 & 0 & 0 & 0 & 0 & 0 \\
0 & 0 & 0 & 0 & 0 & 0 & 0 & 0 \\
0 & 0 & 0 & 0 & 0 & 0 & 0 & 0
\end{bmatrix}$$

图 5-3　码长分配表

通过上述混沌序列生成的序列非周期、非收敛并且对初值十分敏感，故具有很高的安全性。其中 b_0 和 b_1 初值分别设为 k_0 和 k_1，z_n 表示一个逻辑混沌序列，其初值 z_0 设为 k_2。这样水印算法的密钥可以写为：$K_2 = \{k_0, k_1, k_2\}$，$\{k_0, k_1\} \in (1.5, 1.5)$，$k_2 \in (0,1)$。本章提出方法中，$k_0, k_1, k_2$ 分别设为 1.23，0.43 和 0.53。

② 对随机位置序列 $B = \{b_1, b_2, \cdots, b_N\}$ 进行稳定排序，得到排序后的序列 b_{a_1}, b_{a_2}，$\cdots, b_{a_N}$，其中索引序列为 $A = \{a_1, a_2, \cdots, a_N\}$。

③ 设置图像块 $X_{I(i)}$ 的索引 $I(i) = a_i, i = 1, 2, \cdots, N$，相应地，它对应块的索引 $I(i+1) = a_{i+1}$。

对于一个篡改图像，如果图像块 $X_{I(i-1)}$ 和 $X_{I(i)}$ 同时被篡改，那么图像块 $X_{I(i-1)}$ 不能使用嵌入图像块 $X_{I(i)}$ 的水印信息 $W_{I(i-1)}$ 进行恢复。然而，如果 $X_{I(i)}$ 的备份块 $X_{I(k)}$ 也遭到破坏，那么恢复失败。为了降低图像块 $X_{I(i)}$ 及其备份图像块被同时篡改的概率，$X_{I(i)}$ 与其备份块 $X_{I(k)}$ 的距离尽可能远。图像块 $X_{I(k)}$ 的索引 $I(k)$ 可以描述为

$$I(k) = \mathrm{mod}((N/2 + I(i)), N) \tag{5-2}$$

式中，N 为图像块个数，对于每个像素的嵌入过程可以描述为

$$Y_{i,j} = 2 \times \lfloor X_{i,j}/2 \rfloor + W_{i-1,j}, \quad i = 1, 2, \cdots, N, \quad j = 1, 2, \cdots, 64 \tag{5-3}$$

$$Y_{i,j} = 4 \times \lfloor X_{i,j}/4 \rfloor + 2 \times W_{k-1,j} + W_{i-1,j} + \mathrm{mod}(X_{k,j}, 2),$$
$$k = 1, 2, \cdots, N, \quad j = 1, 2, \cdots, 64 \tag{5-4}$$

本节选用常用的 PSNR 作为评价含水印图像质量的标准，计算公式为

$$\mathrm{PSNR} = 10 \lg(b/\mathrm{MSE}) \tag{5-5}$$

式中，b 是信号最大值的平方（对于灰度图像，最大值通常为 255），并且均方误差的计算公式为

$$\mathrm{MSE} = \frac{\sum\limits_{i,j}[f(i,j) - f_w(i,j)]^2}{M \times N} \tag{5-6}$$

水印嵌入最低有效位（1-LSB）和次低有效位（2-LSB），对于这两个位平面，"0"和"1"出现的概率相等，其值为 0.5。当嵌入水印后，"0" 转换为 "1" 的概率为 0.5，同样 "1" 转换为 "0" 的概率也为 0.5。如果其中一位发生改变，最低有效位（1-LSB）和次低有效位（2-LSB）改变值分别为 2^0 和 2^1。因此，原始图像像素和含水印图像像素偏差可以描述为

$$\left| x_w(i,j) - x(i,j) \right| = (0.5^2 + 0.5^2) \times 2^1 + (0.5^2 + 0.5^2) \times 2^0 = 1.5 \qquad (5\text{-}7)$$

相应地，水印图像的峰值信噪比可以表示为

$$\text{PSNR} = 10\lg(b/\text{MSE}) = 10\lg(255^2/1.5^2) = 44.61\text{dB} \qquad (5\text{-}8)$$

5.3.2　篡改检测

水印提取可以看出水印嵌入的逆过程。测试图像为 Y^*，可以是一篡改图像或者是一正常图像，将其划分为 8×8 的图像块 $Y_i^*, i = 1, 2, \cdots, N_b$，对于测试图像块 $Y_{I(i)}^*$，相对应的下一个图像块 $Y_{I(i+1)}^*$ 及其备份图像块 $Y_{I(k+1)}^*$ 可以通过由密钥 K_2 生成的冗余度环生成。在测试过程中，由图像块 $Y_{I(i)}^*$ 生成的水印 $W_{I(i)}^*$ 与从相应的两个图像块 $Y_{I(i+1)}^*$ 和 $Y_{I(k+1)}^*$ 提取水印 $\overline{W}_{I(i)}^{1*}$ 和 $\overline{W}_{I(i)}^{2*}$ 比较，可以得到两个篡改检测模板 T_1 和 T_1。最后通过融合两个篡改检测结果，从而得到最终的检测结果，检测过程如图 5-4 所示，具体步骤描述如下。

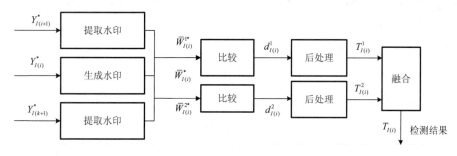

图 5-4　水印提取及认证

（1）对于每一个图像块 $Y_{I(i)}^*$，按照水印生成方法，生成 64 位的水印信息 $W_{I(i)}^*$；并且从对应的两个图像块中分别提取 64 位的水印信息，提取公式为

$$\overline{W}_{I(i),j}^{1*} = \text{mod}(y_{I(i+1)}^*, 2), i = 1, 2, \cdots, N, j = 1, 2, \cdots, 64 \qquad (5\text{-}9)$$

$$\overline{W}_{I(i),j}^{2*} = \text{mod}\left(\left\lfloor y_{I(k+1)}^*, 2 \right\rfloor\right), i = 1, 2, \cdots, N, j = 1, 2, \cdots, 64 \qquad (5\text{-}10)$$

（2）针对每一个图像块，比较生成的水印与从对应图像块提取的水印可以得到两个篡改标识：

$$s_{I(i)}^1 = \begin{cases} 1, & W_{I(i)}^* = \bar{W}_{I(i)}^{1*} \\ 0, & \text{其他} \end{cases} \qquad (5\text{-}11)$$

$$s_{I(i)}^2 = \begin{cases} 1, & W_{I(i)}^* = \bar{W}_{I(i)}^{2*} \\ 0, & \text{其他} \end{cases} \qquad (5\text{-}12)$$

由所有的 $s_{I(i)}^1$ 和 $s_{I(i)}^2$ 组成两个篡改检测模板 T_1^0 和 T_2^0。

（3）根据图像块 8 邻域的篡改情况，优化 T_1^0 和 T_2^0，优化过程可以描述为

$$d_{I(i)}^1 = \begin{cases} 1, & (d_{I(i)}^1 = 1) \& (m_{I(i)}^8 \geq m_{I(i+1)}^8) \\ 0, & \text{其他} \end{cases} \qquad (5\text{-}13)$$

$$d_{I(i)}^2 = \begin{cases} 1, & (d_{I(i)}^2 = 1) \& (m_{I(i)}^8 \geq m_{I(k+1)}^8) \\ 0, & \text{其他} \end{cases} \qquad (5\text{-}14)$$

（4）统计 $d_{I(i)} = 1$ 图像块的 8 邻域篡改情况，如果邻域标记为篡改的图像块个数大于等于 4，那么该图像被标记为篡改，即

$$t_{I(i)} = \begin{cases} 1, & \sum N_8(d_{I(i)}) \geq 4 \\ 0, & \text{其他} \end{cases} \qquad (5\text{-}15)$$

式中，$\sum N_8(d_{I(i)})$ 表示图像块 8 邻域中被比较为篡改图像块的个数。可以得到两个篡改检测模板 T_1^2 和 T_2^2。

（5）融合上述两个检测结果，融合公式为

$$T = T_1^2 \& T_2^2 \qquad (5\text{-}16)$$

式中，T 为最终的检测结果；& 表示与操作，如表 5-1 所示。

表 5-1　&操作

t_1	0	0	1	1
t_2	0	1	0	1
t_3	0	0	0	1

5.3.3　篡改恢复

经过篡改检测，所有图像块被标记为有效图像块和无效图像块，对于无效图像块，我们利用从对应正常图像块提取的水印恢复，如图 5-5 所示。

（1）通过认证结果，图像块被分为两大类：篡改图像块和正常图像块，我们将篡改图像块标记为 "1"，将正常图像块标记为 "0"。

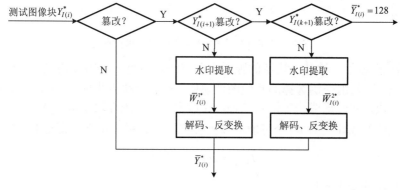

图 5-5 篡改恢复

（2）对于测试图像块 $Y_{I(i)}^*$，如果被标记为篡改，则我们判断其对应的图像块 $Y_{I(i+1)}^*$。如果该图像块正常，则我们从其最低有效位提取 64 位的水印信息 $\overline{W}_{I(i)}^{1*}$；否则，我们验证图像块 $Y_{I(k+1)}^*$；如果该图像块有效，则从其次低有效位提取水印信息 $\overline{W}_{I(i)}^{2*}$。如果该备份图像块也遭到篡改，则我们将图像块 $Y_{I(i)}^*$ 像素值都设置为 128。

（3）使用恢复的水印信息 $\overline{W}_{I(i)}^{1*}$ 和 $\overline{W}_{I(i)}^{2*}$，近似重建出篡改图像块 $Y_{I(i)}^*$，标记为 $\overline{Y}_{I(i)}^*$。

5.4 算法性能分析

5.4.1 安全强度分析

安全强度是衡量认证水印的一个重要指标，安全强度低就会造成水印算法存在一定的安全隐患，易受非法人员攻击，伪造合法的含水印图像，从而使认证系统失败。本节给出提出水印算法在穷举攻击下的安全强度，计算公式为

$$SS = \min\left(\log_2 \frac{1}{P_{ESA}} \right) \tag{5-17}$$

He 等[6]提出方法，将原始图像划分为 2×2 的图像块，一个图像块嵌入 8 位水印信息，其中 6 位自恢复水印信息及 2 位认证水印信息。其中，2 位认证水印信息由图像块自身生成，6 位水印信息来自于其他图像块。在认证过程中，首先通过认证水印，判别其合法性，如果不合法，则将该图像块标记为篡改，然后再判别嵌入的 6 位信息水印与对应块生成的 6 位信息水印是否相等。因此，对于认证水印位，仅需要 2^2 次尝试就可以获取水印信息；对于 6 位信息水印位，共需要 $2^6 \times N_b$ 次尝试（其中 N_b 为划分为图像块的个数）。因此，该文献提出方法在穷举攻击下的 P_{ESA} 为

$$P_{ESA} = 1 / (2^6 \times N_b + 2^2) \tag{5-18}$$

该方法的安全强度为

$$SS_1 = \log_2(2^6 \times N_b + 2^2) \approx 6 + \log_2 N_b \qquad (5\text{-}19)$$

He 等[7]提出了一种基于块链的脆弱水印方法。由每一个图像块生成 64 位长的认证水印信息，嵌入由密钥选择的其他图像块中，然后该块也生成 64 位认证信息，并嵌入它的下一块，从而形成一个链状结构。在该方法中，图像块个数为 N_b，则对于每一个图像块生成的水印，有 N_b 个可能的嵌入位置。在穷举攻击下，提出算法的 P_{ESA} 为

$$P_{\text{ESA}}^2 = 1/(2^{64} \times N_b) \qquad (5\text{-}20)$$

相应地，算法的安全强度为

$$SS_2 = 64 + \log_2 N_b \qquad (5\text{-}21)$$

在文献[9]中，图像被划分为 2×2 图像块，图像块 A 和对应图像块 B 生成一个联合的 12 位水印信息，然后嵌入其他两个图像块中，A 和 B 生成的联合水印信息如图 5-6 所示，其中奇偶校验位 p 和 v 为

$$p = a_7 \oplus a_6 \oplus a_5 \oplus a_4 \oplus a_3 \oplus b_7 \oplus b_6 \oplus b_5 \oplus b_4 \oplus b_3 \qquad (5\text{-}22)$$

$$v = \begin{cases} 1, & p = 0 \\ 0, & \text{其他} \end{cases} \qquad (5\text{-}23)$$

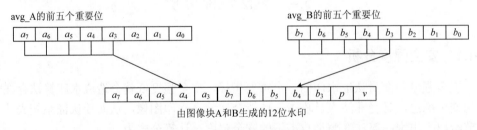

由图像块A和B生成的12位水印

图 5-6　认证水印信息生成

12 位的水印信息嵌入对应图像块的后 3 个位平面中，在篡改检测过程中，水印信息从图像块中提取出来，分离出奇偶校验位 p 和 v，篡改检测通过比较 p 和 v 来实现。因为检测过程是内容无关的，我们仅可以通过调整 p 和 v 满足式（5-22）和式（5-23）伪造合法的图像块。因此仅需要一次尝试就可以伪造一个图像块，则

$$P_{\text{ESA}}^3 = 1 \qquad (5\text{-}24)$$

相应地，算法的安全强度为

$$SS_3 = 0 \qquad (5\text{-}25)$$

对于本章提出基于冗余度环结构的方法，图像被划分为大小 8×8 的图像块 $X_i, i = 1,2,\cdots,N_b$，由图像块 X_i 生成的 64 位特征码经加密后作为水印信息。对于每一

个图像块生成的水印信息，分别嵌入它对应的下一个图像块的最低有效位及备份图像块的次低有效位。为了伪造一个合法的图像块，最多需要 $2^{64} \times N_b \times 2^{64} \times N_b$ 次尝试，其中 N_b 为图像块个数。因此，P_{ESA} 可以描述为

$$P_{\mathrm{ESA}}^4 = \frac{1}{2^{64} \times N_b \times 2^{64} \times N_b} = \frac{1}{2^{128} \times N_b^2} \tag{5-26}$$

相应地，算法的安全强度为

$$\mathrm{SS}_4 = 128 + 2\log_2 N_b \tag{5-27}$$

通过上述描述，我们可以得到如下不等式

$$\mathrm{SS}_3 < \mathrm{SS}_1 < \mathrm{SS}_2 < \mathrm{SS}_4 \tag{5-28}$$

安全强度值越大，则算法的安全强度越高。因此，我们提出的方法相对文献[4]、[7]、[9]，具有较高的安全强度，并且如果安全强度大于等于 64，则认为算法是安全的[11]。因此我们算法和文献[7]可以认为满足安全要求。

5.4.2　计算复杂度

假设所采用图像大小为 $M \times N$，在嵌入过程中，每个步骤的计算复杂度可以描述如下：DCT，计算复杂度为 $O(n\log_2 n)$；DCT 量化，假设量化一个系数为 t_1，则量化所有的系数为 $64 \times t_1$，编码一个系数为 t_2，则编码前 7 个系数的时间复杂度为 $7 \times t_2$；产生长度为 N_b 的随机位置序列，计算复杂度为 $O(N_b^2)$；水印信息嵌入其他两个图像块的后两位位平面，则计算复杂度为 $2 \times M \times N$。提出算法的计算复杂度可以描述为

$$f(N) = O(n\log_2 n \times 7 \times t \times N_b + 2 \times N_b + 2 \times M \times N) \tag{5-29}$$

式中，$n \times n$ 为图像块大小；N_b 为图像块个数。所有的实验在 MATLAB2010b 上执行，计算机采用 Pentium 4 2.4GHz 的频率，4GB 的内存。图像大小为 512×512，嵌入过程共耗时 6.7s，篡改检测和恢复共耗时 3.98s。

5.5　实验结果与分析

通过上述分析，本章提出方法及文献[7]满足安全需求，接下来，我们比较两种方法在定位及篡改恢复的性能，其中文献[7]命名为 ABSD（adjacent-block statistical detection）方法。

5.5.1　篡改检测

为了定量衡量算法篡改检测性能，我们引用错误接受率（R_{fa}）和错误拒绝率（R_{fr}）两个评判标准，计算公式为

$$R_{\mathrm{fa}} = (1 - N_{\mathrm{td}} / N_t) \times 100\% \qquad (5\text{-}30)$$

$$R_{\mathrm{fr}} = N_{\mathrm{fd}} / (N - N_t) \times 100\% \qquad (5\text{-}31)$$

式中，N_t 为实际篡改图像块个数；N_{td} 为正确检测到篡改图像块个数；N_{fd} 为正确图像块被标记为篡改图像块。在理想情况下，错误接受率（R_{fa}）和错误拒绝率（R_{fr}）都为零。

我们选用 8 幅大小为 512×512 的图像集作为图像块样本，嵌入水印后如图 5-7 所示，平均 PSNR 为 44.26dB，近似等于式（5-8）计算的理论值，说明理论推导的正确性。然后随机篡改含水印图像，其中篡改比 a 在[0.01, 0.8]，间隔为 0.01。在每个篡改比 a 下，我们对图像随机进行 20 次的区域篡改，经篡改检测后，得到错误接受率（R_{fa}）和错误拒绝率（R_{fr}）如图 5-8 所示。从图中可以看出，R_{fa} 和 R_{fr} 随着篡改面积的增大而增大，并且在篡改面积小于 60%的时候，仍小于 5%。ABSD 方法的 R_{fr} 曲线低于我们提出方法，区别不是太大。但是，我们提出方法的 R_{fa} 曲线低于 ABSD 方法，特别是篡改面积较大时，当篡改比达到 80%的时候，我们提出方法的 R_{fa} 仅为 15%，而 ABSD 方法达到 27%。实际上，当篡改面积比较大时，用来恢复的正确信息就越少，如果这时候 R_{fa} 大，则会使正常图像块被判为篡改图像块，正常的水印得不到利用，所以恢复的图像质量不高。

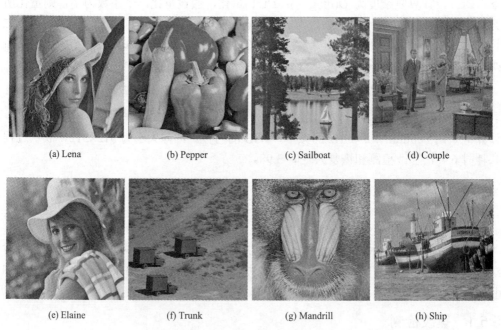

(a) Lena　　　　(b) Pepper　　　　(c) Sailboat　　　　(d) Couple

(e) Elaine　　　　(f) Trunk　　　　(g) Mandrill　　　　(h) Ship

图 5-7　所选用测试图像

所有的图像均来自于 USC-SIPI 数据库（大小为 512×512）

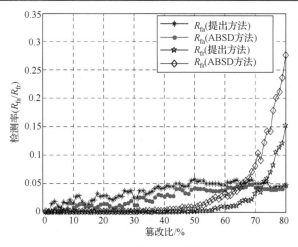

图 5-8　篡改定位精度

5.5.2　篡改图像恢复

图 5-9 给出篡改区域的恢复情况，其中 x 轴代表着随机篡改面积的比例，其值在 $[0.01, 0.8]$，间隔为 0.01，y 轴表示篡改区域中不能有效恢复的图像块个数。大小为 512×512 的图像，被划分为 4096 个大小为 8×8 的图像块。在给定的篡改比下，恢复图像质量随着不能有效恢复图像块的个数增加而降低。从图中可以看出，本章提出算法不能有效恢复的图像块个数小于文献[7]的方法。当篡改比达到 50% 的时候，我们方法大约有 400 个图像块不能正确恢复，而 ABSD 方法中不能正确恢复的图像块个数接近 1000 个。

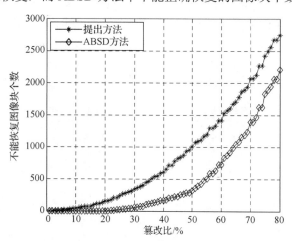

图 5-9　不能有效恢复的图像块个数

在本章中峰值信噪比（PSNR）作为衡量图像恢复质量的一个标准。图 5-10 中给出分别使用我们提出方法及文献[7]的方法，得到篡改区域恢复后的 PSNR。从图中可以看出，当篡改比低于 10%的时候，ABSD 方法要高于本章提出方法，因为 ABSD 方法采用图像像素的高 7 位产生水印信息，而本章方法中采用高 6 位生成水印信息。在篡改比较小的情况下，两种方法几乎都能正确恢复出篡改的图像块，而 ABSD 方法水印包含更多的图像信息，因此恢复的图像质量稍高。随着篡改比的增大，ABSD 方法不能有效恢复图像块的个数显著增加，故 PSNR 也相对下降速度快。

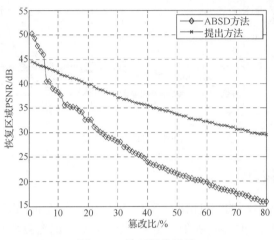

图 5-10　恢复图像质量

　　为了更进一步证明提出方法的有效性，图 5-11 给出在给定比例下的篡改定位及恢复效果图。从图中可以看出，我们提出方法随着篡改比的增加，篡改定位效果及恢复效果优于 ABSD 方法。当篡改比为 20%时，两种方法具有近似相等的错误接受率，并且都能正确地恢复出篡改区域。当篡改比达到 60%和 80%时，我们发现 ABSD 方法有较高的错误接受率，较多的正常图像块被标记为篡改图像块，而我们提出方法的错误接受率较低，很好地定位出篡改区域，且图像恢复效果较好。即使篡改区域比例达到 80%，仍能恢复出图像的大致轮廓，而 ABSD 方法中则完全不能恢复出篡改区域的任何信息。

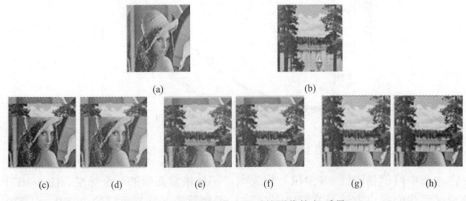

图 5-11　在给定的篡改比下的图像恢复质量

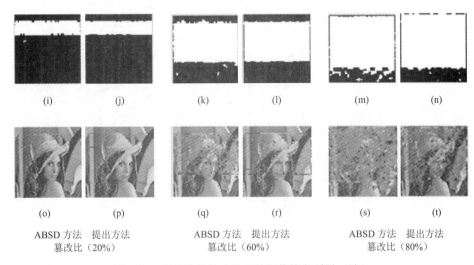

ABSD 方法　提出方法　　　　ABSD 方法　提出方法　　　　ABSD 方法　提出方法
篡改比（20%）　　　　　　篡改比（60%）　　　　　　篡改比（80%）

图 5-11　在给定的篡改比下的图像恢复质量（续）

5.5.3　脆弱自恢复算法用于人脸图像保护

接下来，我们验证提出方法在人脸保护中的有效性。数据库采用 FERET 人脸数据库。从该数据库中随机选择 500 人，对于每一个人，从 FA 中提取一幅图片作为参考图像，从 FB 中提取一幅图片作为测试图像。图像大小归一化为 128×152。分别采用 ABSD 方法和我们提出方法向测试图像中嵌入水印信息，在篡改过程中，我们篡改测试图像，篡改比从 0.1～0.7，间隔为 0.1，并且分别采用 ABSD 方法和我们提出方法对篡改图像进行检测及恢复。为了验证恢复人脸图像的身份鉴别能力，提取 PCA特征，每幅人脸提取 64 个 PCA 系数，然后采用最近邻分类器进行分类，结果如图 5-12所示，x 轴表示篡改比，y 轴表示恢复人脸图像的识别率。从图中可以看出，篡改图像的识别率，标记为"篡改图像"随着篡改比的增大，下降得非常迅速。而 ABSD方法和我们提出方法，在篡改比小于 30%的时候，识别率与原始测试图像的识别率基本保持不变，然而随着篡改比的进一步增大，分别使用我们提出方法与 ABSD 方法恢复出人脸图像的识别率下降，然而提出方法下降速度明显小于 ABSD 方法，当篡改比达到 50%的时候，我们提出方法恢复图像的识别率达到 65.3%，而 ABSD 方法恢复出的人脸图像识别率仅为 51.7%。另外，我们针对一幅人脸图像的篡改检测及恢复结果，如图 5-13 所示，从图中可以看出，我们提出方法的恢复效果要优于ABSD 方法。当篡改比达到 70%的时候，利用我们提出方法恢复的人脸图像仍能够鉴别出身份信息。而利用 ABSD 方法，即使篡改比达到 60%的时候，也不能分辨出人脸图像的身份。

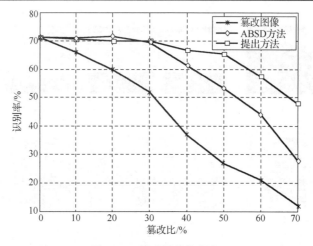

图 5-12　篡改图像恢复率

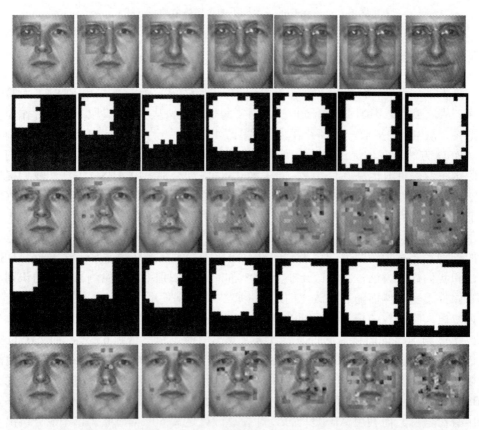

图 5-13　人脸图像篡改检测及自恢复

第一行为篡改人脸图像，篡改比从 10%～70%；第二行为 ABSD 方法检测结果；第三行为相应的
恢复结果；第四行为本章提出方法定位结果；第五行为相应的恢复结果

5.5.4　脆弱自恢复算法用于指纹图像保护

实验中，我们选用 FVC DB2 作为指纹数据库。该数据库总共包括 110 个人，每个人有 6 幅指纹图片。对于每个人，我们随机选取两幅图片，一幅图片作为参考图像，另一幅图片作为测试图像。同时，我们选用文献[12]中提出的方法用来提取指纹细节点特征及计算指纹之间的匹配度。

为了验证恢复指纹图像区分身份能力的影响，我们保持参考指纹图像集不变，同时向测试图像集中嵌入水印，并对其进行随机篡改，篡改比从 0.1～0.7，间隔为 0.1，分别采用 ABSD 方法和我们提出方法对篡改图像进行检测及恢复。为了验证恢复指纹图像的身份区分能力，分别求测试图像集与参考图像集、恢复指纹图像集及参考图像集的匹配分数，如图 5-14 所示，其中 x 轴代表篡改比，y 轴代表测试图像集与参考图像集匹配分数的平均值。从图中可以看出，篡改图像集与参考图像集之间的匹配分数，随着篡改比的增加，下降较快；采用 ABSD 方法恢复图像集与参考图像集之间的匹配分数也下降较快，恢复效果较差；本章提出方法要优于 ABSD 方法的匹配度，说明对指纹保护上具有一定的效果，然而效果并不是太明显，这是因为指纹图像纹理较为复杂，采用 DCT 量化编码的时候，消除了过多的纹理信息，所以恢复图像质量并不是太好。下一步工作需考虑采用嵌入指纹细节点特征的方法，来提高恢复指纹的身份区别能力。

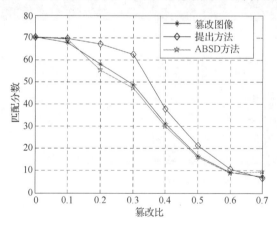

图 5-14　篡改及恢复指纹图像相似度

5.6　算法安全性

5.6.1　合谋攻击

在本节中，我们给出 ABSD 方法、Lee 方法[9]及本章提出方法在合谋攻击下的表现。两幅大小为 512×512 的图像 "Lena" 和 "Elaine"，如图 5-15(a)和图 5-15(b)所示，使用同样的密钥，分别采用上述三种方法嵌入水印信息。然后我们将"Lena"中的一部分区域使用"Elaine"图像中的一部分区域替换，结果如图 5-15(c)所示，然后我们分别采用上述方法对篡改图像进行检测，结果如图 5-15(d)～图 5-15(f)所示。通过检测结果，可以得出 Lee 方法[9]不能有效检测出伪造区域，而 ABSD 方法及我们提出方法能有效检测篡改区域。

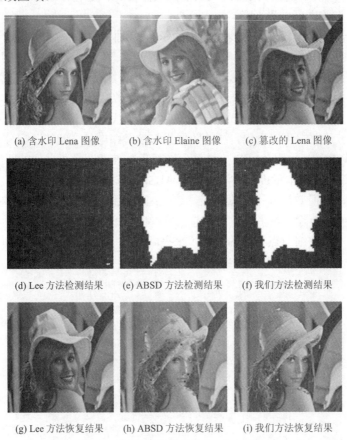

(a) 含水印 Lena 图像   (b) 含水印 Elaine 图像   (c) 篡改的 Lena 图像

(d) Lee 方法检测结果   (e) ABSD 方法检测结果   (f) 我们方法检测结果

(g) Lee 方法恢复结果   (h) ABSD 方法恢复结果   (i) 我们方法恢复结果

图 5-15　在合谋攻击下的篡改检测与自恢复结果

原因在于，Lee 方法是内容无关的水印方法，易受合谋攻击。而我们提出方法及 ABSD 方法通过自身生成水印信息，嵌入自身，并且通过随机位置序列，建立块之间的依赖关系，可以有效抵抗合谋和量化攻击。图 5-15(g)～图 5-15(i)给出使用三种方法恢复图像篡改区域，从图中可以看出，ABSD 方法及我们提出方法可以有效恢复出篡改区域，且我们方法具有更高的恢复图像质量。

5.6.2　仅内容篡改攻击

仅内容篡改攻击（only-content-tampering）由 Chang 等[5]提出。该方法仅改变图像的内容，而保持嵌入水印信息，从而伪造合法的图像。图 5-16(a)给出原始图像，经过篡改后，如图 5-16(b)所示。其中加入两个油罐车图像复制，而保持对应区域的水印不变。图 5-16(c)～图 5-16(e)为经过 Lee 方法、ABSD 方法及我们提出方法检测结果，从图中可以看出，我们提出方法及 ABSD 方法可以有效定位出篡改区域，而 Lee 方法针对该类型攻击失效。图 5-16(f)～图 5-16(h)给出使用 3 种方法恢复结果，ABSD 方法及我们提出方法可以很好地还原场景图像信息。

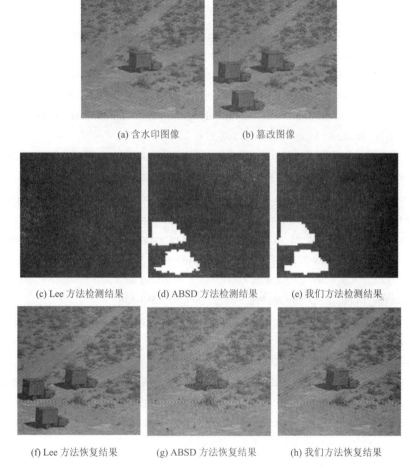

(a) 含水印图像   (b) 篡改图像

(c) Lee 方法检测结果   (d) ABSD 方法检测结果   (e) 我们方法检测结果

(f) Lee 方法恢复结果   (g) ABSD 方法恢复结果   (h) 我们方法恢复结果

图 5-16   在仅内容攻击下的篡改检测与自恢复结果

5.7 本 章 小 结

传统块链方法中存在图像块与对应嵌入水印图像块同时遭到篡改后，不能有效恢复。本章基于双冗余度环结构，提出一种图像脆弱自恢复算法，并应用于人脸图像及指纹图像的保护中。从一图像块生成的水印信息嵌入对应的图像块及其备份图像块中，从而构成冗余环结构，提出算法总结如下：①双冗余度环结构由混沌函数生成，具有很好的安全性。块直接非确定依赖关系可以使算法有效抵抗合谋、量化及仅内容篡改攻击。②理论与仿真结果证明，两个检测结果融合提高了篡改检测精度，两个信息水印备份提高了恢复图像质量。

参 考 文 献

[1] Fridrich J, Goljan M. Images with self-correcting capabilities[C]. International Conference on Image Processing, 1999: 25-28.

[2] Holliman M, Memon N. Counterfeiting attacks on oblivious block-wise independent invisible watermarking schemes[J]. IEEE Trans on Image Processing, 2000, 3(9): 432-441.

[3] Fridrich J, Goljan M, Memon N. Cryptanalysis of the Yeung-Mintzer fragile watermarking technique[J]. Electronic Image, 2002, 11: 262-274.

[4] Lin P L, Hsieh C K, Huang P W. A hierarchical digital watermarking method for image tampers detection and recovery[J]. Pattern Recognition, 2005, 38(12): 2519-2529.

[5] Chang C, Fan Y H, Tai W L. Four-scanning attack on hierarchical digital watermarking method for image tamper detection and recovery[J]. Pattern Recogn, 2008, 41(2): 654-661.

[6] He H J, Zhang J S, Tai H M. Self-recovery fragile watermarking using block-neighborhood tampering characterization[C]. IH 2009, 2009: 132-145.

[7] He H J, Zhang J S, Chen F. Adjacent-block based statistical detection method for self-embedding watermarking techniques[J]. Signal Processing, 2009, 89: 1557-1566.

[8] Zhang X P, Qian Z X, Ren Y L, et al. Watermarking with flexible self-recovery quality based on compressive sensing and compositive reconstruction[J]. IEEE Transactions on Information Forensics and Security, 2001, 6(4): 1223-1232.

[9] Lee T Y, Lin S D. Dual watermark for image tamper detection and recovery[J]. Pattern Recognition, 2008, 41: 3497-3506.

[10] Zhang J S, Tian L. A new chaotic digital watermarking method based on private key[J]. Journal of China Institute of Communication, 2004, 25(8): 98-101.

[11] Lin P L, Hsieh C K, Huang P W. A hierarchical digital watermarking method for image tampers detection and recovery[J]. Pattern Recognition, 2005, 38(12): 2519-2529.

[12] Tsai Y J, Venu G J. A minutia-based partial fingerprint recognition system[J]. Pattern Recogn, 2005, 38: 1672-1684.

第6章 小波分组量化的半脆弱自恢复水印及人脸图像保护算法

6.1 引　　言

前面主要对脆弱水印及在生物特征图像保护中的应用进行研究。脆弱水印可精确地检测和定位篡改，但不允许作品信息有任何改动。然而，对于生物特征图像，在传输或存储过程中所遭遇的操作不仅有恶意操作，而且更多的是不改变图像内容的操作，如JPEG压缩、图像增强、线性滤波等。此外，在网络环境中传输的数字媒体也容易受到轻微噪声的污染。这些操作被认为是需要或者可接受的。因此，相对脆弱水印、半脆弱水印方法更符合实际应用需求。在篡改检测的基础上，兼有恢复原始图像中的身份信息能力无疑将使其更具吸引力。因此半脆弱自恢复算法及在生物特征图像保护中的应用具有更为重要的研究价值。

半脆弱自恢复水印算法不仅需要定位、恢复篡改区域，更要求对JPEG压缩、图像增强等内容保持操作具有较好的鲁棒性。但是，半脆弱自恢复水印算法的鲁棒性与嵌入水印容量是一对此消彼长的矛盾。当嵌入自恢复水印量大时，算法鲁棒性会被大幅度削弱。在实际应用中，我们往往一方面希望尽可能嵌入较多的水印信息以保证图像恢复质量；另一方面又希望尽可能确保算法的鲁棒性。已提出算法均无法同时满足这两方面的需求，根据嵌入的水印不同主要分为两大类。

第一类方法仅嵌入一种水印，即认证水印同时用于信息水印[1-4]。该方法将图像分块，水印由代表图像块信息的鲁棒特征生成，然后以鲁棒水印的形式嵌入其他图像块中，认证时通过比较生成水印与从对应图像块提取的水印是否相等来验证图像的完整性。当检测到篡改时，从对应的正常图像块提取水印进行自恢复。该类方法存在以下不足：①定位精度不高。认证时，如果测试图像块的生成水印与从对应图像块提取的嵌入水印不等，不能在两图像块中有效判定真正遭受到篡改的图像块。②图像恢复效果较差。水印信息由代表图像块信息的鲁棒特征生成，所含信息较少，恢复质量不高。

第二类方法同时嵌入认证水印及信息水印[5-15]。认证水印信息由密钥生成或者由图像鲁棒特征生成，信息水印一般由降采样后的缩略图或频域变换的低频系数生成。该类方法水印嵌入量大，图像恢复质量较高。然而，为了嵌入较大容量的水印信息，通常嵌入图像变换域的中高频或者空域的最低有效位，鲁棒性较差。当图像同时遭受恶意篡改及内容保持操作时，虽然能定位出篡改区域，但是由于嵌入的信息对内容保持操作敏感，易遭受破坏，不能有效恢复篡改区域，故不能称为真正意义上的半脆弱自恢复水印。

传统的半脆弱自恢复水印算法通过降采样或提取小波的低频系数生成水印的方式来减少水印嵌入量，取得了一定的效果，但尚不能完全满足实际应用的需求，且容错性较差。实际上，对于生物特征图像来说，在空间上存在大量的冗余信息，其有效表征数据量还具有进一步压缩的空间。本章主要对现有半脆弱水印算法进行研究，然后提出一种基于分组量化的半脆弱自恢复算法，并用在人脸图像保护中。

6.2　系统总体框架

对于含有人脸图像来说，最有用的区域为人脸区域。对于人脸区域来说，也存在着一定的冗余，最重要的信息为用于身份鉴别的特征信息。作为常用的一种人脸特征，特征脸系数（PCA）能够重构人脸图像，在本方法中，我们选用 PCA 系数作为信息水印，在较好地提取人脸有效信息的同时，可以有效压缩需要嵌入的水印信息，进而提高半脆弱自恢复算法鲁棒性。如果人脸图像遭受到篡改后，可以从正常区域提取嵌入的人脸系数，从而恢复出特征脸图像，则可直接用于人脸识别系统或者人为判别[16]。

系统总体框架如图 6-1 所示，主要包括水印生成、水印嵌入、篡改检测、攻击类型判别及自恢复 4 个步骤。

首先为水印生成阶段，主要包括信息水印位生成及认证水印位生成。其中信息水印主要通过提取人脸图像最有用的身份特征信息生成，既起到有效表征图像内容的目的，又压缩了需要嵌入的水印信息量。通过人脸检测技术分割出人脸区域，然后提取其 PCA 系数，进而生成信息水印。在设计认证水印算法时，因需要定位篡改区域，故需要将图像划分为不重叠的图像块。认证水印信息由图像块本身产生，然后嵌入其他图像块内部，在认证时，同水印嵌入过程中水印生成方法生成水印，然后从对应图像块中提取水印信息，通过比较两者是否相等判断图像的完整性。对于半脆弱水印算法，需要抵抗内容保持操作，因此生成水印及嵌入水印都需要对内容保持操作鲁棒。本章由图像块的 SVD 大系数生成认证水印。

水印嵌入阶段，每一个图像块需要嵌入部分信息水印及从其他图像块生成的认证水印位。故需要研究基于图像块的多位水印嵌入策略。本章提取一种随机分组量化的鲁棒嵌入方法，在同一个图像块中，将图像块的中频系数分为多组，然后将每一位水印分别嵌入每组的最大系数中，从而提高了算法的鲁棒性。

篡改检测阶段，采用双向认证环的策略降低虚警率。篡改判别时，不仅判断由图像块生成的水印与从对应图像块提取水印的关系，同时比较从测试图像块提取的水印与由它前一个图像块生成的水印关系，只有两者同时满足，才能认证图像块真正遭到篡改。

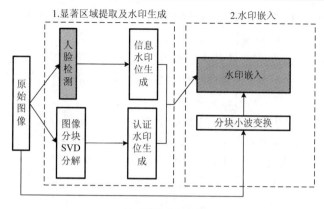

(a) 水印生成及嵌入

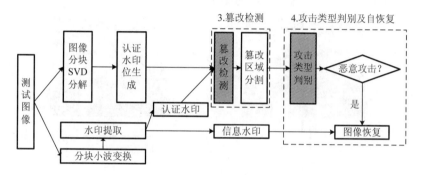

(b) 篡改检测及恢复

图 6-1　系统框图

当检测到篡改时，需要利用隐藏在正常图像块中的水印信息进行恢复。然而引起图像破坏的类型有多种，如恶意篡改、高压缩比的 JPEG 压缩、高强度的噪声。如果是恶意篡改，则一般只改变部分区域的内容，其余部分保持完整，因此可以利用未被篡改块中嵌入的水印进行恢复。但是，如果是由于 JPEG 压缩、噪声引起的图像破坏，则一般是大面积的水印遭到破坏，这时候再通过提取水印进行恢复，会引起错误。检测到篡改后，需要判别图像破坏的类型，仅对恶意篡改情况进行自恢复。我们通过不同内容保持操作及恶意篡改对图像块内小波系数分布产生的影响不同，提取小波系数的直方图特征，采用 SVM 方法训练与问题相关的分类器对图像遭受的破坏类型进行判别。如果为恶意篡改，则利用从未篡改的图像块中提取信息水印，进而转换为人类图像的特征脸系数，从而重构人脸图像。

6.3　人脸区域检测

人脸检测是通过一定策略从一幅图像或视频中定位出人脸区域的技术，主要为人脸识别服务。早期方法主要有模板匹配、子空间方法及变形模板匹配等。目前关于人脸检测的研究主要集中在基于数据驱动的学习方法，如统计知识理论、统计模型方法、神经网络学习方法和支持向量机方法、基于肤色的人脸检测以及基于马尔可夫随机场的方法。基于 Adaboost 学习算法的人脸检测是人脸检测领域里程碑式的进步，该方法根据弱学习的反馈，适应性地调整假设的错误率，在效率不降低的情况下，检测正确率得到很大的提高。

　　本章主要采用以 Adaboost 技术为核心的 Viola 人脸检测方法[17]，如图 6-2 所示（图片来源于文献[17]），可分为以下三大部分：①提取 Harr-like 特征表示人脸，并使用"积分图"实现特征数值的快速计算；②使用 Adaboost 算法筛选出最能代表人脸的矩形特征（弱分类器），采用加权投票策略将弱分类器构造为强分类器；③将训练得到的若干强分类器串联组成一个级联结构的分层分类器,该结构在保证检测精度的同时,可以提高检测速度。具体步骤可以描述如下。

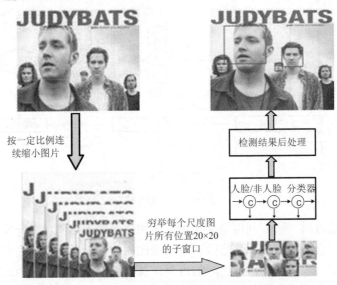

图 6-2　人脸检测的流程

　　（1）在一个 20×20 的图片上提取 Harr 特征，如图 6-3 所示。具体做法是将白色区域内的像素值减去黑色区域，由于人脸区域与非人脸区域的差别，在人脸与非人脸图片的相同位置上，得到不同大小的数值作为特征，并采用计算得到的特征区分人脸和非人脸。

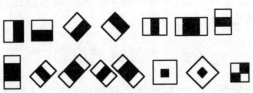

图 6-3　Harr 特征图

（2）采用事先得到的大量人脸图片和背景图片作为训练集，并将训练图片归一化到大小为 20×20 的小图像，在这样大小的图片中，提取有效的 Haar 特征，然后通过 Adaboost 算法筛选数千个有效的 Haar 特征来组成人脸检测器。

（3）得到训练出人脸检测器后，将图像按比例依次缩放，然后在缩放后的图片的 20×20 的子窗口依次判别是人脸还是非人脸。

6.4　小波分组量化的半脆弱自恢复水印算法

6.4.1　水印生成及嵌入过程

水印生成及嵌入过程主要包括以下四个步骤，如图 6-4 所示，分别描述如下。

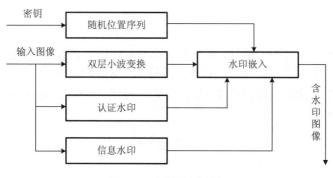

图 6-4　水印嵌入过程

1. 水印生成

1）信息水印生成

检测出人脸区域后，将其进行归一化，然后求出人脸的 PCA 系数 $B_m (m=1,2,\cdots,T)$，其中 T 为一幅人脸图像 PCA 系数的个数。在本章提出方法中，一个 PCA 系数转换为 16 位的二进制序列，这样可以得到表示人脸的 $16 \times T$ 位二进制信息，作为信息水印。在嵌入过程中，一个图像块中嵌入 2 位信息水印，在整幅图像中，共可以嵌入 $2 \times N_b$ 位信息水印。而一个人脸总共含 $16 \times T$ 位信息，所以对于整幅图像，共可以嵌入 $Q = \lfloor (2 \times N_b)/(16 \times T) \rfloor$ 个备份，即使一个备份遭到破坏，仍可以使用其他的备份进行恢复。这样对每个人脸的 $16 \times T$ 位的二进制序列进行周期性扩展 Q 次，得到最终的 $b_j, j=1,2,\cdots,16 \times T \times Q$ 作为信息水印。每两两一组，分别嵌入由密钥 k_1 生成的随机位置序列选择的不同图像块中。

2）认证水印生成

为了定位篡改区域，将图像划分为大小 16×16 不重叠的图像块。由图像块生成鲁棒认证水印位，嵌入其他图像块中，从而建立块之间的依赖关系，提高算法安全性。

在认证阶段，按同样的方法生成鲁棒认证水印位，然后从对应图像块中提取嵌入水印位，两者进行比较，从而判定图像块是否遭到篡改。生成与嵌入水印要同时满足两个条件：对恶意篡改的脆弱性及对内容保持操作的鲁棒性。在本章中，为了提高生成水印的鲁棒性，采取对每个图像块进行 SVD 分解，并利用对角线系数生成认证水印位。

记图像块为 $B_i, i = 1, 2, \cdots, N_b$，对其进行 SVD 分解为

$$B_i = USV^\mathrm{T} = \sum_{j=1}^{r} \lambda_j U_j V_j^\mathrm{T} \qquad (6\text{-}1)$$

式中，U 和 V 为正交矩阵；$S = \mathrm{diag}(\lambda_1, \lambda_2, \cdots, \lambda_r, 0, \cdots, 0)$ 为非负对角矩阵，对角元素 λ_j 为 B 的奇异值，且满足 $\lambda_1 \geqslant \lambda_2 \geqslant \cdots, \lambda_r > 0$，$r$ 为 S 的秩。

然后将 $\lambda_1 \sim \lambda_r$ 进行量化，转换成二进制后，每次随机选取一半进行异或后生成 N_A 位认证水印。

3）水印信息加密

为了提高水印算法的安全性，需要对生成的水印信息进行加密。对于一个图像块，需要嵌入 3 位认证水印及 2 位信息水印共 5 位水印 $S_i, i = 1, 2, \cdots, N_b$，采用 3.3.1 节的方法，利用密钥 k_2 生成混沌序列 $C_i, i = 1, 2, \cdots, N_b$，按照式（6-2）进行加密，从而得到水印序列 $W = W_1, W_2, \cdots, W_{N_b}$。

$$w_{i,j} = c_{ij} \oplus s_{ij} \qquad (6\text{-}2)$$

式中，$1 \leqslant i \leqslant N_b$；$1 \leqslant j \leqslant 5$。

2. 水印嵌入

将图像划分为大小为 16×16 的图像块，从一个图像块中生成的 3 位认证水印加上 2 位信息水印，需要嵌入其他图像块中，为了提高算法的安全性，其他块是由密钥 k_3 生成的随机位置序列 I 选取的。为了提高算法的鲁棒性，本章提出基于随机分组量化方法将多位水印信息嵌入图像块中频系数的局部极值中，如图 6-5 所示。

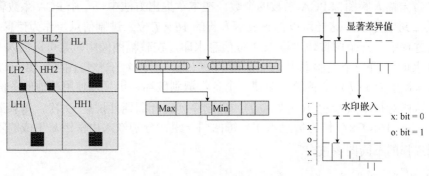

图 6-5　随机分组量化嵌入方法

对每个大小为 16×16 的图像块执行两层小波分解，可以得到 LH2、HL2 和 HH2

三个子带的中频系数，每组大小为 4×4。将 5 位加密后的水印信息通过随机分组量化方法嵌入局部极值中，具体嵌入过程如下。

（1）对每一个图像块，将三组大小为 4×4 的中频系数，分别展成长度为 16 的一维系数向量，然后首尾相连得到一个长度为 48 的系数向量 S_i。

（2）为了抵抗局部攻击，增加算法的安全性。将得到的向量 S_i 使用密钥 k_4 进行置乱，从而得到置乱后的系数序列 PS_i。

（3）将 PS_i 划分为 5 组，每组含有 9 个系数，标记为 $PS_i = \{PS_i^k, k=1,2,\cdots,5\}$，每一组通过量化系数偏差的方法嵌入一位水印信息，然后将量化后的偏差加上次大系数值作为最大系数，这样每次都嵌入局部极大值上，保证了算法的鲁棒性。

对于每组系数 PS_k，系数偏差指的最大系数及次大系数之间的差值 $\max_k - \sec_k$。为了嵌入水印信息 0 或 1，对差值进行奇偶量化，从而实现水印信息的嵌入，如图 6-5 所示。其中，Δ_k 表示第 k 组系数最大与次大系数之间的差值，w_k 为需要嵌入的水印位，嵌入公式为

$$\Delta_k' = 2Q \cdot \left[\frac{\Delta_k + w_k Q}{2Q} \right] - w_k Q \tag{6-3}$$

$$\max_k' = \max_k + (\Delta_k' - \Delta_k)' \tag{6-4}$$

式中，[·] 表示取整操作；Δ_k' 表示经过量化后最大系数与次大系数之间的偏差；$\max_k'$ 为经过调制后的最大系数。很显然，最大系数的最大改变量为 Q，通过对该量化步长的调整，可以在鲁棒性与含水印图像之间达到一个折中。

6.4.2　水印提取及篡改检测

水印提取及认证可以看成水印嵌入的逆过程。当接收到测试图像 Y 时，可能遭受篡改或者保持不变。同水印嵌入过程，将图像分块，然后通过密钥 k_2 生成随机位置序列 I，对于测试图像块 $Y_{I(i)}$，它的前一个映射块 $Y_{I(i-1)}$ 和下一个映射块 $Y_{I(i+1)}$ 可以通过随机位置序列获取，在验证测试图像块 $Y_{I(i)}$ 完整性时，我们不仅比较从 $Y_{I(i)}$ 图像块中提取的水印 $W_{I(i)}'$ 与从图像块 $Y_{I(i-1)}$ 生成的水印 $W_{I(i-1)}^*$，同时比较从 $Y_{I(i+1)}$ 图像块中提取的水印 $W_{I(i+1)}'$ 与从图像块 $Y_{I(i)}$ 生成的水印 $W_{I(i)}^*$，从而形成一个双认证环结构，如图 6-6 所示。

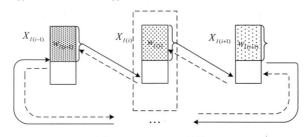

图 6-6　双认证环结构

这样对于同一个图像块，可以得到两个篡改检测标识：$s_{I(i)}^1$ 和 $s_{I(i)}^2$，只有两者同时被标记为篡改后，才认为该图像块真正遭受到篡改，进而可以提高篡改定位精度。认证过程如图 6-7 所示，具体过程可以描述如下。

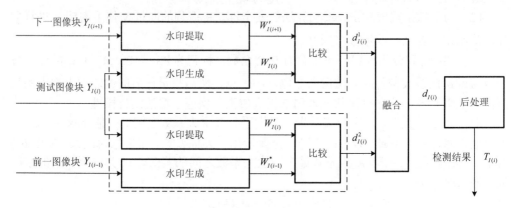

图 6-7　水印提取及认证

（1）图像分块。对于大小为 $M \times N$ 的测试图像 Y，将其划分为 N_b 个大小为 16×16 的图像块 $Y_i, i = 1, 2, \cdots, N_b$。

（2）认证水印信息生成。按照水印生成阶段方法，由每一个图像块 Y_i，生成 3 位认证水印位 WA_i^*。

（3）水印提取。将图像块 Y_i 进行两层小波变换，经变换后，可以得到三个大小为 4×4 的中频子带 LH2、HL2 和 HH2，将它们转换为维数为 48 的一维向量，然后通过密钥 k_4 将它们进行置乱，然后划分为 5 组长度为 9 的子向量。对于每一个子向量 $G_k, k = 1, 2, \cdots, 5$，计算最大系数与次大系数的偏差 Δ_k'，通过如下公式可以得到相应的水印位：

$$w_k' = \mathrm{mod}\left\{ \left[\frac{\Delta_k'}{Q} \right], \ 2 \right\} \tag{6-5}$$

这样，对于测试图像块 $Y_{I(i)}$，可以提取 5 位的水印信息，利用密钥 k_2 解密后，得到水印 $W_{I(i)}'$，其中包括 3 位的认证水印 $WA_{I(i)}'$，两位信息水印 $WI_{I(i)}'$。对于测试图像块 $Y_{I(i+1)}$，提取水印信息 $W_{I(i+1)}' = WA_{I(i+1)}' + WI_{I(i+1)}'$。

（4）通过上述的水印生成及提取过程，对于每一个测试图像块，通过式（6-6）和式（6-7），可以得到两个篡改标识：

$$s_{I(i)}^1 = \begin{cases} 1, & WA_{I(i-1)}^* = WA_{I(i)}' \\ 0, & \text{其他} \end{cases} \tag{6-6}$$

$$s_{I(i)}^2 = \begin{cases} 1, & W_{I(i)}^* = W_{I(i+1)}' \\ 0, & \text{其他} \end{cases} \tag{6-7}$$

式中，位置序列 I 由密钥 k_3 生成。这样对于整幅图像，可以得到两个篡改检测模板 $S_F = \{s_i^1, i = 1, 2, \cdots, N_b\}$ 及 $S_B = \{s_i^2, i = 1, 2, \cdots, N_b\}$。

（5）融合两个篡改检测模板，融合公式为

$$D = S_F \,\&\, S_B \tag{6-8}$$

式中，&代表与操作。

（6）根据每一个图像块的 8-邻域篡改情况，优化篡改检测结果。具体公式为

$$t_i = \begin{cases} 1, & (d_i = 1 \,\&\, m_i^8 \geqslant 4) \,\|\, (d_i = 0 \,\&\, m_i^8 \geqslant 3) \\ 0, & \text{其他} \end{cases} \tag{6-9}$$

式中，m_i^8 表示图像块 8-邻域中标记为篡改的个数。经过优化后，可以得到最终的篡改检测结果 T。

6.4.3　攻击类型判别及篡改恢复

1）攻击类型判别

当检测到篡改时，有可能是恶意篡改引起的，也有可能为压缩比较高的图像压缩引起的，或者为高强度的噪声引起的。对于恶意篡改，一般篡改图像的关键区域，而大部分区域保持完整，当检测到篡改后，可以利用从未篡改区域提取的水印恢复篡改区域。对于压缩和噪声引起的篡改，这时候图像隐藏的水印大部分遭受到破坏，但是如果仍用提取的水印对标记为篡改的图像块进行恢复，反而得到一些错误的结果。

所以检测到篡改进行恢复时，需要判定图像所遭受到的攻击类型，仅当图像遭受到恶意攻击时，才进行自恢复。通过统计发现，对于上述三种攻击，通过前期的初步实验发现，对图像块组内最大系数与次大系数之间的偏差产生的直方图不一样，采用如下步骤进行攻击类型判别。

（1）提取特征。同水印提取步骤，将图像分块后进行两层小波变换，然后分组后求最大系数与次大系数之间的偏差，统计它们的直方图。

（2）构造训练集。本章根据三种可能情况，构造三个训练集。JPEG 质量因子小于 50 的压缩图像集；方差大于 10 以上的高斯噪声污染图像；篡改比小于等于 50 的篡改图像。采用 SVM 方法进行训练得到相应的分类面。

（3）当检测到篡改后，对攻击类型进行判别。在测试过程中，提取测试图像中最大系数与次大系数之间的偏差，构造直方图特征，采用训练好的分类界面，实现对篡改攻击类型的判别。仅当判为较小面积的恶意攻击后，才进行特征的恢复。

2）篡改恢复

经过篡改检测后，所有的图像块被分为正常图像块和遭到篡改的图像块。无效图像块中的人脸信息遭受到破坏，故我们提取正常图像块的信息水印 $\mathrm{WI}'_{I(i)}$，每一个图像块包含两位信息水印，同时将从遭到篡改图像块提取的信息水印标记为“0”。将所有的信息水印提取后，通过密钥 k_1，将得到不同图像块的水印整合到一个有序的长度为 $16 \times T \times Q$ 的二进制序列 $b_j, j = 1, 2, \cdots, 16 \times T \times Q$，如果 b_j 等于“0”，则表明对应的位遭到破坏。

分别统计二进制序列 $(b_j^1, b_j^2, \cdots, b_j^Q), j = 1, 2, \cdots, 16 \times T$ 中“0”和“1”的个数，标记为 c_j^0 和 c_j^1，这样一幅人脸的 PCA 系数的二进制流，可以描述为

$$a_k = \begin{cases} 0, & c_j^0 > c_j^1 \\ 1, & c_j^1 > c_j^0 \end{cases} \tag{6-10}$$

最后，将该二进制序列 $a_k, k = 1, 2, \cdots, 16 \times T$ 转换为相应的系数，通过重构得到恢复后的人脸图像。

6.5 实验结果与分析

接下来，本节从以下几个方面通过实验验证提出算法的有效性。

6.5.1 不可见性

在本实验中，我们选用带肩的 FERET 人脸数据库作为测试图像集，大小为 768×512，表 6-1 给出在不同量化步长 Q 下，含水印图像的峰值信噪比（PSNR），以及含水印图像的结构相似性（SSIM）。随着量化步长的增加，含水印图像质量下降，而算法的鲁棒性将得到提高，因此在含水印质量与算法鲁棒性之间需要达到一个折中。在本章中，我们选择 PSNR 大于 36dB 且 SSIM 大于 0.8 时的最大量化补偿 Q，此时 Q 等于 60。

表 6-1 在不同量化步长下的 PSNR 及 SSIM

量化步长 Q	10	20	30	40	50	60	70	80
PSNR	52.3	45.7	42.1	39.5	37.6	35.9	35.1	34.9
SSIM	0.99	0.97	0.94	0.90	0.86	0.81	0.77	0.73

生物特征水印算法，不仅要求对人眼的不可见性，还要求算法对生物特征图像的识别率不造成影响。为了衡量我们提出方法对人脸图像的识别率影响，设计了如下实

验。数据库采用带肩的 FERET 人脸数据库。从该数据库中随机选择 500 人，对于每个人，从 FA 中提取一幅图片作为参考图像，从 FB 中提取一幅图片作为测试图像。然后通过人脸检测算法，分割出参考图像集与测试图像集的人脸区域，并且归一化为 128×152。然后对于 FB 的人脸图像，采用我们提出的水印方法，对其进行嵌入，其中强度 Q 等于 60。然后通过人脸检测算法，分割出参考图像集与测试图像集的人脸区域，并且归一化为 128×152。对于原始的人脸图像集及嵌入水印后的人脸图像集，分别采用 PCA 方法提取出 128 个系数，采用最近邻分类器进行分类，识别结果如图 6-8 所示，从图中可以看出，嵌入前和嵌入后的人脸识别率基本保持一致，说明提出的水印方法，在我们选用的嵌入强度下，并不影响人脸图像的身份鉴别能力。

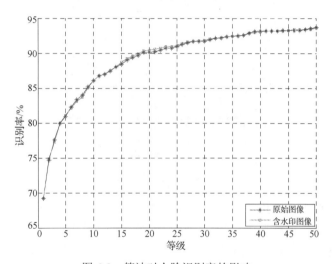

图 6-8　算法对人脸识别率的影响

6.5.2　恶意篡改定位性能

为了定量衡量算法篡改检测性能，我们引用上述采用的错误接受率（R_{fa}）和错误拒绝率（R_{fr}）两个评判标准，计算公式如式（5-30）和式（5-31）所示。

在篡改定位实验中，我们随机从带肩的 FERET 人脸数据库中选取 50 幅人脸图像。然后对其进行随机篡改，其中篡改比 a 在[0.01, 0.6]，间隔为 0.01。在每个篡改比 a 下，我们对图像随机进行 20 次的区域篡改，分别使用 Tsai 等[18]方法，标记为 OE，Chamlawi 等[10]检测方法，标记为 IS，单环认证及双环认证进行检测，统计平均错误拒绝率及错误接受率，如图 6-9(a)和图 6-9(b)所示。其中横轴表示篡改比，纵轴表示检测概率。IS 表示文献[10]的方法，OE 表示文献[18]的方法，SAR（single authentication ring）表示单环认证，DAR（double authentication ring）表示双环认证。

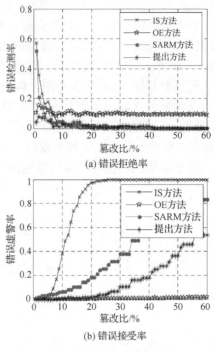

(a) 错误拒绝率

(b) 错误接受率

图 6-9　篡改定位概率

从图 6-9(a)中可以看出，OE 方法的错误拒绝率要稍微高于其余三种方法，并且保持不变，原因在于该方法属于块独立，错误拒绝率不随篡改面积的变化而变化；剩余三种方法的错误拒绝率在面积较小的时候，错误拒绝率较大，这是因为在篡改比较小的情况下，通过后处理，边缘区域篡改图像块可能被错误标记为正常图像块，而边缘图像块占整个篡改区域的面积较大，所以错误拒绝率较大。然而，由于整个篡改面积较小，并且信息水印位冗余嵌入，所以并不影响最后的篡改恢复效果。随着篡改比的增加，逐渐趋于零，说明这三种方法具有较高的定位精度。

从图 6-9(b)中可以看出，在篡改面积较小（小于 5%）的时候，这四种方法的错误接受率基本为零，然而随着篡改面积的增大，IS 方法的错误接受率迅速增大，当篡改面积增大到 10%的时候，错误接受率达到 0.4，当增大到 20%的时候，趋近于 1，说明该方法只能检测面积较小的篡改，在面积较大时，定位算法失效；对于 OE 方法，错误接受率基本为零，并且保持不变，这是所有块独立算法具有的特点，定位效果较好，但是块独立嵌入策略具有安全隐患，易受量化和合谋攻击影响。对于 SARM 方法和我们提出方法，当篡改比小于等于 10%的时候，错误接受率大致相等，并且趋于零，说明具有较高的定位精度，然而随着篡改比的增加，因为过多的水印落入篡改区域中，造成错误接受率较高。从图中可以看出，本章通过引入双认证机制，相对单认证机制，大大降低了错误接受率。错误率较高，将较多的正常图像块标记为篡改图像块，在篡改恢复的时候，不能有效利用实际并未遭受改变的信息水印，造成恢复精度不高，因此通过本章引入的双认证机制，可以大大提高恢复精度。

为了更进一步说明提出算法在篡改定位上的性能，我们给出在不同篡改比的篡改检测结果，篡改比从大到小依次为 10%、30%和 50%，如图 6-10 所示。其中，第一列为篡改的人脸图像，我们将原始人脸图像的一部分使用其他人脸图像部分数据进行替代；第二列为 Tsai 等[18]方法检测结果，标记为 OE，从图中可以看出，该方法具有较高的定位精度，并且随着篡改比的增加，定位精度保持不变，然而该方法是块独立的，安全性较差，易受合谋和量化攻击影响；第三列为 Chamlawi 等[10]检测方法，标记为 IS，从图中可以看出，在篡改比为 10%的时候，能定位出篡改区域，但虚警率较高，并且随着篡改比的增加，失去定位能力；第四列为使用单认证环结构方法检测结果，从图中可以看出，在较小面积时，算法的定位效果较好，随着篡改面积的增大，虚警率越来越高；第五列为使用本章提出的双认证环结构方法检测结果，从图中可以看出，随着篡改面积的增大，篡改定位效果优于单认证环结构，并且篡改算法通过环结构建立块之间的非确定依赖关系，具有较高的安全强度。

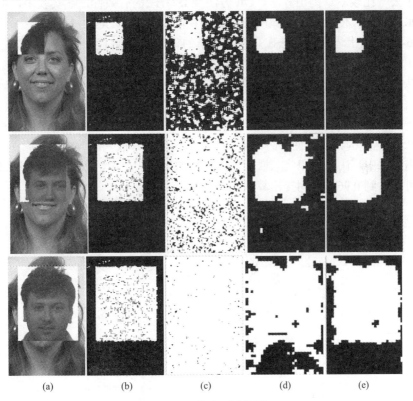

(a)　　　　　　　(b)　　　　　　　(c)　　　　　　　(d)　　　　　　　(e)

图 6-10　篡改区域检测

第一行至第三行篡改面积依次为 10%、30%和 50%；(a) 篡改图像；(b) OE 方法检测结果；
(c) IS 方法检测结果；(d) 单认证环检测结果；(e) 提出的双认证环检测结果

6.5.3　在内容保持操作下的性能

本章提出的是半脆弱自恢复水印方法，在检测篡改区域的同时，能容忍一定强度的内容保持操作，包括 JPEG 压缩及高斯噪声。为了评价算法在内容保持操作下的性能，在具有同等质量含水印图像的前提下，将提出方法与现有半脆弱自恢复水印 OE方法及 IS 方法进行比较。

因为提取的水印为二进制序列，我们通过计算提取水印与原始水印之间的相关性来衡量提出算法在内容保持操作下的鲁棒性，采用归一化的互相关函数作为定量评价标准，计算公式为

$$NC = \frac{\sum\limits_{i=1}^{r}\sum\limits_{j=1}^{c} W(i,j)W'(i,j)}{\sum\limits_{i=1}^{r}\sum\limits_{j=1}^{c} |W(i,j)|^2} \tag{6-11}$$

为了公平比较本章提出算法、OE 方法及 IS 方法的有效性，在实验中，嵌入一定强度的水印信息，使含水印图像的质量大致相同，都为 37.5dB。

图 6-11 给出上述三种算法在高斯噪声下的鲁棒性，x 轴代表高斯噪声方差，从 0～20，y 轴代表提取水印与原始水印的互相关性，从图中可以看出，在没有噪声污染下，三种方法得到的互相关系数为 1，说明算法在没有噪声影响下，可以完全正确地提取出水印信息。而随着高斯噪声方差的增大，水印信息遭受到不同程度的破坏，相关性也相应下降，OE 方法及 IS 方法中相关性下降较快，即使方差为 5 的时候，相关性也下降到 0.8，这是因为上述两种方法中，人证水印信息都嵌入高频中，鲁棒性较差，而本章提出方法中，认证水印信息嵌入中频系数的局部极值中，即使方差达到 10，相关系数仍可以达到 0.96，说明提出算法的鲁棒性。

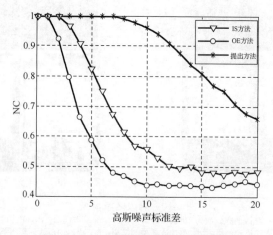

图 6-11　在高斯噪声下算法的鲁棒性

图 6-12 给出算法在 JPEG 压缩下算法的鲁棒性，x 轴代表 JPEG 质量因子，从 50～100，y 轴代表提取水印与原始水印的互相关性，从图中可以看出，随着质量因子的减少，图像遭到不同程度的压缩，水印信息也遭受到不同程度的破坏，相关性也相应下降，OE 方法及 IS 方法中相关性下降较快，即使质量因子为 90 的时候，OE 方法中相关系数仍为 0.92，而 IS 方法中相关系数下降到 0.78，并且 OE 方法鲁棒性要高于 IS 方法，而本章提出方法中，认证水印信息通过量化局部极值方法嵌入中频系数中，对 JPEG 压缩比较鲁棒，即使质量因子为 50 的时候，相关系数仍可以达到 0.985，说明提出算法的鲁棒性。

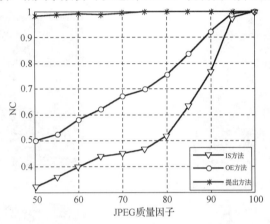

图 6-12　在 JPEG 压缩下算法的鲁棒性

接下来，我们给出上述三种方法在内容保持操作下的篡改定位性能。为了简单起见，我们给出较小篡改面积下，JPEG 质量因子为 90（36.4dB）和高斯噪声标准差为 5（34.4dB）的情况下的篡改定位情况。如图 6-13 所示，第一行为在 JPEG 压缩下的篡

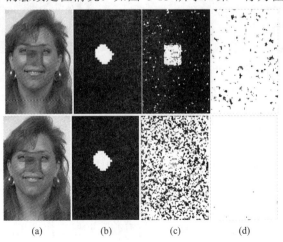

(a)　　　　(b)　　　　(c)　　　　(d)

图 6-13　在内容保持操作下的篡改检测
第一行为 JPEG 压缩（质量因子为 90），第二行为高斯噪声（标准方差为 5）：(a) 遭到篡改的含水印图像；
(b) 提出算法检测结果；(c) OE 方法检测结果；(d) IS 方法检测结果

改定位情况，质量因子为90；从图中可以看出，本章提出方法及 OE 方法具有较好的定位效果，而 IS 方法，因为部分水印遭到破坏，大面积的区域都被定位出篡改了。第二行为在高斯噪声下，篡改定位情况，从图中可以看出，本章提出方法仍可以检测出篡改区域，而 OE 方法及 IS 方法不能容忍该强度的噪声，定位失败。

为了更进一步说明提出算法在较高压缩比和较大强度噪声污染下算法的有效性，我们给出 JPEG 质量因子为 60（36.8dB）及高斯方差为 15（29.98dB），篡改比为 10 的情况下的篡改定位情况，如图 6-14 所示。

(a) JPEG 压缩后篡改图像（质量因子为 60）

(b) 对应检测结果

(c) 添加高斯噪声后篡改图像（标准方差为 15）

(d) 对应检测结果

图 6-14　在强度较高的内容保持操作下篡改检测

6.5.4　篡改类型判别

当检测到篡改时，我们将其归为如下三种原因引起的：恶意篡改；高压缩比的图像压缩；高强度的噪声。如果是高压缩比的图像压缩或者是高强度的噪声，则检测到篡改是由于水印遭到破坏而引起的，此时大部分水印遭到破坏，但是如果仍用提取的水印对标记为篡改的图像块进行恢复，反而得到一些错误的结果。

我们采用原始训练人脸库前 200 幅图片进行训练集构造。对于 JPEG 压缩图像，按照 JPEG 质量因子步长为 10，从 10~50 进行压缩后的图像集，共 1000 幅图片；对于噪声图像集，分别按照高斯噪声方差步长为 5，从 15～40 添加噪声，共 1000 幅图片；对于篡改图像集，按照篡改比步长为 10，从 10～50 分别对正常图像集进行篡改，共 1000 幅图片。对于每幅图像，提取所有图像块中不同分组内最大系数与次大系数偏差值，统计出直方图作为特征向量，然后使用 SVM 训练出分类器。我们对训练集的三种情况分别统计出平均直方图特征，如图 6-15 所示，从图中可以看出，对于 JPEG 压缩图像，我们采用量化步长为 40 的情况，偏差值集中在 0 和 40 的情况；对于恶意篡改图像特征，由于采用自然图像替换相应区域，偏差值从大到小较为平滑；对于高斯噪声图像，由于受到污染，偏差值为 0 的情况较少，而且相对较为平滑。三种情况的直方图特征具有可分性。采用合适的分类器，可以实现对不同类型图片的区分。

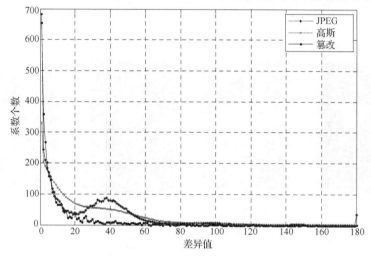

图 6-15　三种攻击类型直方图特征统计

对于测试集，分别对测试人脸库的后 200 幅图片，按照上述三种情况构造测试集，得到 3000 幅图片，然后采用训练好的分类器进行分类，正确率达到 93.8%。

6.5.5　篡改恢复

对于一幅人脸图像，我们分割出人脸区域，并提取 64 位 PCA 系数，在保有身份信息的同时，压缩了嵌入量。当认证系统或人为地接收到测试图像，通过上述步骤进行篡改检测，当检测到篡改攻击后，对攻击类型进行判别，如果是恶意篡改，则利用隐含的 PCA 系数进行恢复。图 6-16 为在给定比例下的篡改检测及恢复结果。从图中可以看出，提出方法可以有效恢复出完整的特征脸，可以直接用于人脸识别系统或者供人眼进行身份鉴别。

为了衡量算法的鲁棒性，我们给出 JPEG 质量因子为 60（36.8dB）及高斯方差为10（31.55dB）的情况下，人脸图像的恢复效果，如图 6-17 所示。从图中可以看出，在 JPEG 压缩下，具有较好的定位精度及自恢复效果，说明对 JPEG 压缩具有较高的鲁棒性；在高斯噪声下，因此时图像遭到较大的污染，含水印噪声图像的 PSNR 降为 31.55dB，此时定位存在着一定的虚警，嵌入信息也不同程度地遭到破坏，故从图 6-17(d) 中可以看出，恢复出的特征脸有较大的失真。

(a) 原始人脸   (b) 人脸区域   (c) 特征脸   (d) 篡改图像   (e) 篡改检测结果   (f)恢复特征脸

图 6-16　篡改检测及自恢复

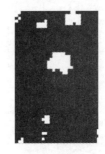

(a) 在 JPEG 下检测结果   (b) 恢复人脸   (c) 在高斯噪声下检测结果   (d) 恢复特征脸

图 6-17　在内容保持下的篡改检测及自恢复

恢复出的特征脸系数可以重构人脸图像，同时可以用于识别。我们对带肩人脸数据库的人脸区域分别进行 10%～70%比例的篡改，图 6-18 给出恢复特征脸系数用于识

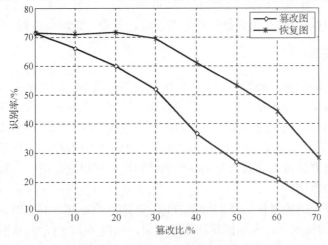

图 6-18　篡改及恢复图像识别率

别时的性能，从图中可以看出，图像遭到篡改后，识别率下降非常明显，而采用我们提出方法对篡改数据进行恢复后，识别率在篡改比小于 30% 的时候，基本保持不变，当篡改比大于 30% 的时候，随着大量的生物特征遭到破坏，识别率下降较为明显。

6.6　本章小结

水印算法可以有效地保护人脸图像的完整性，并且能对破坏的特征进行恢复。脆弱自恢复水印不能容忍内容保持操作，应用场合受限。本章提出一种基于半脆弱自恢复水印的人脸图像保护算法。对人脸图像分割出人脸区域，然后求取相应的 PCA 系数，在保持身份信息的同时，压缩了嵌入量。通过提出双认证方法，提高了篡改定位精度，并对攻击类型进行判别，在检测到恶意篡改后，利用隐藏的信息进行自恢复。

参 考 文 献

[1] Li K F, Chen T S, Wu S C. Image tamper detection and recovery system based on discrete wavelet transformation[J]. IEEE, 2001: 164-176.

[2] Seng W C, Du J, Pham B. Semi fragile watermarking with self-authentication and recovery[J]. Malaysian Journal of Computer Science, 2009, 22(1): 64-84.

[3] Noriega J M, Kurkoski B, Nakano M M, et al. Halftoning-based self-embedding watermarking for image authentication and recovery[C]. IEEE International Midwest Symposium on Circuits and Systems, 2010: 612-615.

[4] Lin C Y, Chang S F. Semi-fragile watermarking for authenticating JPEG visual content[C]. International Conf on Security and Watermarking of Multimedia Contents II, 2000: 140-151.

[5] Hung K L, Chang C C, Chen T S. Secure discrete cosine transform based technique for recoverable tamper proofing[J]. Optical Engineering, 2001, 40(9): 1950-1958.

[6] Jiang X M, Liu Q. Semi-fragile watermarking algorithm for image tampers localization and recovery[J]. Journal of Electronics (China), 2008, 25(3): 343-351.

[7] Chamlawi R, Khan A, Idris A, et al. A secure semi-fragile watermarking scheme for authentication and recovery of images based on wavelet transform[J]. World Academy of Science, Engineering and Technology, 2006, 23: 49-53.

[8] Chamlawi R, Khan A, Idris A, et al. Wavelet based image authentication and recovery[J]. Journal of Computer Science and Technology, 2007, 22(6): 795-804.

[9] Tsai M J, Chien C C. Authentication and recovery for wavelet-based semi-fragile watermarking[J]. Optical Engineering, 2008, 47(6): 1-7.

[10] Chamlawi R, Khan A. Digital image authentication and recovery: employing integer transform based information embedding and extraction[J]. Information Sciences, 2010, 180: 4909-4928.

[11] Zhua X Z, Anthony T S, Pina M. A new semi-fragile image watermarking with robust tampering restoration using irregular sampling[J]. Signal Processing: Image Communication, 2007, 22: 515-528.

[12] Zhao C X, Ho A T S, Treharne H, et al. A novel semi-fragile image watermarking, authentication and self-restoration technique using the slant transform[C]. Proceedings of the Third International Conference on International Information Hiding and Multimedia Signal Processing, 2007: 283-286.

[13] 段贵多, 赵希, 李建平, 等. 一种新颖的用于图像内容认证、定位和恢复的半脆弱数字水印算法研究[J]. 电子学报, 2010, 38(4): 842-847.

[14] 刘东彦, 刘文波, 张弓. 图像内容可恢复的半脆弱水印技术研究[J]. 中国图象图形学报, 2010, 15(1): 20-25.

[15] Wang H, Anthony T S, Zhao X. A novel fast self-restoration semi-fragile watermarking algorithm for image content authentication resistant to JPEG compression[C]. IWDW, 2011: 147-156.

[16] Anil K J, Uludag U. Hiding biometric data[J]. IEEE Transactions on Pattern Analysis and Machine Intelligence, 2003, 25(11): 1494-1498.

[17] Viola P, Jones M. Rapid object detection using a boosted cascade of simple features[C]. Proc of the IEEE Conference on Computer Vision and Pattern Recognition, 2001: 511-518.

[18] Tsai M J, Chien C C. Authentication and recovery for wavelet-based semi-fragile watermarking[J]. Optical Engineering, 2008, 47(6): 1-7.

第7章 基于人脸图像特征显著性的指纹水印嵌入算法

7.1 引 言

指纹识别是发展最早、应用最为成熟的一种生物特征识别技术。从古代契约的"画指为证",到当今信息时代的自动身份认证,指纹识别技术始终在生物特征识别领域占据着举足轻重的地位。作为生物特征识别领域另一个活跃的研究方向,人脸识别以其非接触性、用户友好的优点受到了广泛的关注与研究,自动的人脸识别系统在公共安全监控、法律取证、访问控制、人机交互等方面具有广阔的应用前景。

近年来,基于多模态生物特征融合的身份识别系统成为一个新的发展趋势。该方案比基于单一特征的识别系统具有更高的安全性和实用性:一方面入侵者很难使用模仿品或其他方式同时骗过多种生物特征识别系统;另一方面也允许合法用户在某项特征不便使用时,灵活调换。然而在多生物特征识别系统中,多种生物模板均独立存在,每种特征在单独传输的过程中,均易遭受窃取、篡改、替换等攻击。这种情况下,采用生物特征互嵌入技术能够通过信息隐藏提高生物特征数据的安全性,并在保证数据可靠性的前提下,充分发挥多模态生物特征融合识别的优势。

本章提出了一种基于数字水印的多生物特征识别系统,如图 7-1 所示,根据第 2 章中总结出的生物特征水印区别于传统水印的特点及应用需求,设计了指纹水印的生成与调制方法,以及结合人脸图像纹理特征显著性的自适应嵌入方法,并探讨了采用数字水印技术在人脸图像中嵌入指纹数据对于系统安全性及识别性能的贡献。

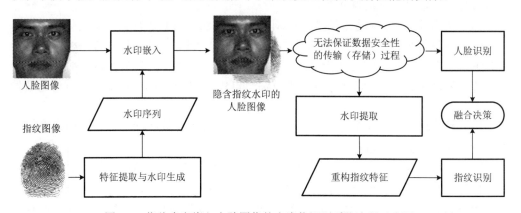

图 7-1 指纹水印嵌入人脸图像的多生物识别系统流程示意图

7.2　基于人脸判别特征显著性的自适应水印方法

7.2.1　指纹水印生成

生物特征水印作为一种隐藏在宿主图像中的身份标识,需包含充足的判别信息以便进行身份认证,从该角度而言,水印的数据载荷越高越好。然而,采用鲁棒水印方法嵌入大量信息将不可避免地对宿主图像的质量造成更严重的破坏,嵌入较少的水印位更有利于保证宿主图像的质量和水印信息的鲁棒性。所以,生物特征水印的生成需要在特征的可区分性及数据量之间作出权衡。本章选择指纹的细节点特征作为待嵌入的水印,主要原因有以下两点。

(1)细节点特征的可区分性较强。利用细节点及其相互之间的几何位置关系来描述指纹的脊线结构,进而通过比较点集之间的相似度进行指纹匹配。这种方法精密且直观,在现有的自动指纹识别系统中应用最为广泛,识别准确度最高;同时也是指纹鉴定专家在进行手工比对时使用的方法。

(2)一个典型的细节点特征,包含了特征点的位置、方向及类别信息,通过低维的整型特征向量即可进行有效描述。从通信的角度而言,该特征描述方法具有很高的编码效率,恰好适用于水印容量受到限制的生物特征水印场景。

最简单的指纹细节点特征可以通过一个三元组的集合进行描述: $T = \{(x,y,\theta) \mid x, y \in N, \theta \in [0, 2\pi]\}$,其中, (x,y) 代表细节点的二维坐标, θ 为细节点处脊线的切线方向。

本章在 FVC2002 指纹识别数据库上[1]对指纹的细节点数量进行统计,平均每枚指纹中可以提取出 45 个细节点。若采用传统的 16 位无符整型及浮点数分别描述细节点的坐标及方向信息,则细节点特征的平均大小为 $16 \times 45 \times 3 = 2160$ 位。对于鲁棒数字水印而言是一个较难实现的嵌入容量。

为了使指纹细节点特征满足数字水印的容量要求,对其进行如下精简化处理。

(1)数量降采样:根据国际司法界普遍承认的“十二点原则”,若两枚指纹有十二对细节点得到匹配,则可认为是同一枚指纹。为了在降低特征容量的同时,较好地保留特征的可区分性,本章从原始的指纹细节点集里,随机选取 20 个细节点作为数量的折中。

(2)精度降采样:①将 (x,y) 归一化至 $[0, 255]$ 的正整数区间;②将 θ 由弧度转换为度数,并量化为 0~360° 的偶数。

因而, (x,y,θ) 的每一维均可使用 8 位的无符号整型数据进行表示。

最终,精简后的指纹特征容量为 $20 \times 3 \times 8 = 480$ 位。

生物特征水印区别于传统水印的一个重要特点是数值序列的二进制位具有不同权值。传统的水印模板通常为 PIN、Logo 图像、Hash 等二值序列,所有的比特位具有相同的重要性，如图 7-2(a)所示。但是，生物特征水印一般由从图像中提取出的特征向量生成，不同的比特位由于位优先级的不同而具有不同的重要性，如图 7-2(b)所示。

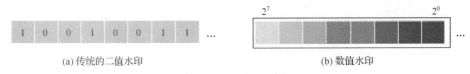

(a) 传统的二值水印　　　　　　　　　　　(b) 数值水印

图 7-2　水印二进制序列的位优先级示例

本章将特征向量的二进制位按照优先权进行分组，对权值较高的位序列采用较大的嵌入强度，以保证其鲁棒性；对权值较低的位序列采用较小的嵌入强度，以降低对宿主图像造成的失真。从而在水印鲁棒性和图像保真度之间取得适当的折中。

7.2.2　人脸宿主图像特征分析

在传统的数字水印系统中，通常采用人类视觉模型（Human Visual System，HVS）保证水印的不可见性。该类方法的基本思想是利用从视觉模型推导出的噪声可见性函数来确定图像的各个区域所能容忍的水印信号强度，从而避免破坏图像的视觉质量。采用基于视觉模型的调制掩模完成水印嵌入，能够在保证水印不可见性的前提下较大限度地提高鲁棒性。

对于生物特征宿主图像而言，除了视觉质量以外，嵌入水印前后图像中的身份判别特征也应得到较好的保留。因而，我们主张在水印嵌入过程中，需要结合图像不同区域内的判别特征的重要性来设计水印算法，使其对于生物特征图像具有自适应性。

宿主图像中信息丰富的区域具有较好的噪声掩蔽性更适合水印嵌入，且人脸的显著特征不易受到水印的影响。本章提出基于人脸特征显著性的自适应水印嵌入方法，使用 Adaboost 方法对局部二值模式纹理特征的重要性进行筛选，进而分析出人脸图像中适合嵌入水印的区域。

1）局部二值模式

局部二值模式（Local Binary Pattern，LBP）最早由 Ojala 等[2,3]提出，是描述局部纹理的有效特征。在人脸分析领域内的广泛应用，如人脸识别[4]、人脸检测[5]、表情识别[6]等，证明了该方法能够有效地对人脸判别特征进行刻画。

基本的 LBP 算子根据每个像素与其八邻域的大小关系获得一个 8 位二进制数：大于当前像素值的邻域表示为 1，反之表示为 0。最终，该二进制序列对应的十进制表示即为当前像素的 LBP 标识。一个区域内的所有像素的 LBP 标识的直方图可被用于纹理的描述特征。LBP 算子示意图，如图 7-3 所示。

本章采用 Ahonen 等[7]的策略，将图像划分为相同大小的不交叠块状区域，并分别提取 LBP 直方图对相应人脸区域中的纹理特征进行描述。

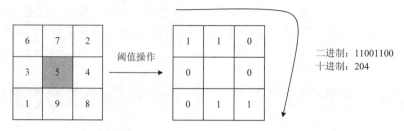

图 7-3　LBP 算子示意图

2）Adaboost

由于不同人脸区域的 LBP 直方图特征具有不同的区分能力，所以通常在基于人脸的身份或属性分类中，为了降低特征维数、提高分类效率，会通过特征选择方法从不同区域的判别特征中挑选出特征可区分性最高的若干维度，进行加权融合得到最终的特征模板。在本方法中，特征选择被用于对不同区域的特征可区分性进行评价，作为在人脸宿主图像中自适应地嵌入数字水印的参考信息。

本章将人脸图像划分为 6×6 个块状区域，并对不同区域的 LBP 直方图特征进行特征选择，获得每个直方图对应区域的特征重要性权值。Adaboost 方法首先由 Freund 等提出[8]，其基本思想是循环地选择少量的弱分类器，通过加权的方式构造强分类器。Viola 等[9]采用 Adaboost 的修改版本进行人脸检测，提出了第一个近实时的人脸检测算法。在 Viola 的版本中，每个训练样本都被赋予一个权值，在每次循环中，根据每个特征训练一个弱分类器，具有最小加权分类误差的弱分类器被选择用于构建强分类器，因而其对应的特征也被选择出来，同时更新样本的权重，增加错分样本的权重，降低正确分类的样本的权重。

本方法将使用 Viola 的 Adaboost 版本对不同人脸区域的 6×6 个 LBP 直方图特征的可区分性进行评价。算法的主要步骤（详见文献[9]）如下。

（1）给定训练样本 $(x_1,y_1),\cdots,(x_n,y_n)$，其中 x_i 表示从每幅训练图像中提取出的 LBP 直方图特征，y_i 为样本类标识，对于负样本和正样本分别有 $y_i=0$ 和 $y_i=1$。

（2）对样本 x_i，根据标识 $y_i=\{0,1\}$，分别将其权重初始化为 $w_{1,i}=\dfrac{1}{2m},\dfrac{1}{2l}$，其中 m,l 分别为负样本和正样本的个数。

（3）对于第 t 次迭代过程，$t=1,\cdots,T$。

① 对样本权重归一化，使得 $w_{t,i}$ 符合概率分布：

$$w_{t,i}=\frac{w_{t,i}}{\sum_{k=1}^{n}w_{t,k}}\qquad(7\text{-}1)$$

② 根据每个特征 j，训练一个弱分类器 h_j，其分类错误率定义为

$$\varepsilon_j = \sum_{i=1}^{n} w_i \left\| h_j(x_i) - y_i \right\| \tag{7-2}$$

③ 选择出本次迭代中具有最小分类错误率 ε_t 的弱分类器 h_t。

④ 更新所有样本的权重，若样本 x_i 能够被 h_t 正确分类，则 $e_i = 0$；否则 $e_i = 1$，$\beta_i = \dfrac{\varepsilon_t}{1-\varepsilon_t}$ ：$w_{t+1,i} = w_{t,i}\beta_t^{1-e_i}$。

（4）最终得到的强分类器定义为

$$h(x) = \begin{cases} 1, & \sum_{t=1}^{T} \alpha_t h_t(x) \geqslant \dfrac{1}{2}\sum_{t=1}^{T} \alpha_t \\ 0, & \text{其他} \end{cases} \tag{7-3}$$

式中，$\alpha_t = \log_2 \dfrac{1}{\beta_t}$。

最终的强分类器为 T 个弱分类器的加权，其中权重 α_t 代表该弱分类器的分类性能。在本章的示例中，T 的取值为 36，分别对应了 36 个人脸子区域。算法中所使用的弱分类器均为同一类型，因而导致分类器分类性能差异的主要因素即为不同人脸区域中判别特征的可区分性。基于上述思想，本章将 Adaboost 算法得到的各分类器的权值 α_t 作为相应人脸区域判别重要性的评价标准，为后续的自适应水印嵌入提供参考。

7.2.3　水印嵌入与提取

1）嵌入准备

如图 7-4 所示，根据 6×6 个人脸区域的特征显著性对其进行排序，将特征显著性最高的 9 个区域拼接为最高层子图，以此类推。位于高层子图的人脸区域，包含了更多的身份判别特征，通常纹理信息较为丰富更适合嵌入水印信息。

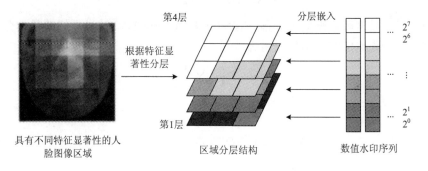

图 7-4　基于人脸子区域特征显著性以及水印位优先级的数值特征嵌入

对于指纹细节点水印，根据数值位的优先级划分为四个子序列，其中，优先级最高的序列被嵌入最高层的子图。由于高层子图对于嵌入水印造成的失真具有更好的容忍度，能够以较大的嵌入强度保障优先级较高的位序列的鲁棒性；相反地，对权值较低的位序列采用较小的嵌入强度，以降低对宿主图像造成的失真。从而在水印鲁棒性和图像保真度之间取得适当的折中，既增加了水印的隐蔽性和鲁棒性，又减少了水印对人脸识别性能的影响。

2）水印嵌入

在完成前期的准备工作之后，本章对嵌入水印过程中的变量符号进行如下定义。

I_k：第 k 层子图。

w_k：待嵌入第 k 层子图的水印序列，长度为 N_k。

Q_k：第 k 层子图中的水印嵌入强度。取值越大，对宿主图像造成的失真越明显，水印鲁棒性越强。

水印的嵌入算法可以概括为如下四个步骤。

（1）随机置乱。使用水印密钥 Key 对 I_k 按像素进行随机置乱，并将结果组成为 N_k 个图像块： $\Lambda_k^i, i=1,2,\cdots,N_k$。每个图像块包含的像素数记为 P_k。

（2）将水印序列 w_k 的第 i 位 w_k^i，嵌入第 i 个图像块 Λ_k^i。

① 计算出 Λ_k^i 中所有像素灰度值的平均值 μ_k^i。

② 采用如下公式，计算出量化后的灰度均值 $(\mu_k^i)'$：

$$(\mu_k^i)' = \left\lfloor \frac{\mu_k^i + Q_k w_k^i}{2Q_k} + 0.5 \right\rfloor \cdot 2Q_k - Q_k w_k^i \tag{7-4}$$

式中，$\lfloor \cdot \rfloor$ 代表向下取整运算。

（3）计算所有像素灰度值的修改总量。

根据第（2）步的结果，对于 Λ_k^i 中所有像素的灰度值的修改总量为

$$\Delta_k^i = \left((\mu_k^i)' - \mu_k^i \right) \cdot P_k \tag{7-5}$$

（4）根据噪声可见模型（Noise Visibility Function，NVF）进行修改量的分配，对 Λ_k^i 中的第 j 个像素的灰度值修改量为

$$\Delta_k^{(i,j)} = \Delta_k^i \frac{QM(j)}{\sum\limits_{j \in \Lambda_k^i} QM(j)} \tag{7-6}$$

$$QM(j) = 1 - NVF(j) = \frac{\theta \cdot \sigma^2(j)}{1 + \theta \cdot \sigma^2(j)} \tag{7-7}$$

式中，θ 为常量；$\sigma^2(j)$ 为以像素 j 为中心的图像窗口的方差。一般而言，具有较大方差的区域包含丰富的纹理信息，对于水印噪声具有较好的掩蔽效应。最后，对于所有的 k 层子图，重复上述嵌入操作，得到嵌入水印后的人脸图像。

3）水印提取

在水印方法中，采用 Adaboost 分析人脸不同区域的特征显著性 $\alpha_t(t=1,\cdots,T)$ 的目的是实现水印的自适应嵌入，减小水印对人脸图像质量的影响。所以，$\alpha_t(t=1,\cdots,T)$ 可以视为公开信息，而水印方法的安全性则主要由密钥 Key 进行保证。由此可知，本方法在水印提取过程中，完全不需要原始图像或水印进行辅助提取，能够实现盲检测。

对于一幅待检测图像，在水印检测器接收到待测图像之后，首先根据不同区域的人脸特征显著性 $\alpha_t(t=1,\cdots,T)$，重新构造出人脸图像的区域分层结构（图 7-4）。

在第 k 层子图 $\hat{I}_k$ 中提取的过程，可以概括为如下步骤。

（1）使用水印密钥 Key 对 $\hat{I}_k$ 进行随机置乱，并将结果重组为 N_k 个图像块：$\hat{\Lambda}_k^i, i=1,2,\cdots,N_k$。

（2）对于其中的第 i 个图像块 $\hat{\Lambda}_k^i$ 中像素灰度的平均值 $\hat{\mu}_k^i$，利用如下公式提取水印位 $\hat{w}_k^i$：

$$\hat{w}_k^i = \mathrm{mod}\left\{\left[\frac{\hat{\mu}_k^i}{Q_k}\right],2\right\} \tag{7-8}$$

最终，对于所有的 k 层子图重复上述过程，即得到提取出的水印序列 $\hat{w}$。

7.3　融合宿主与水印的多生物特征认证

7.3.1　基于指纹水印认证的人脸图像有效性认证示例

本章通过在人脸图像中嵌入指纹水印，为人脸识别系统提供了有效的图像数据有效性认证工具。图 7-5 中给出了使用提取出的细节点模式对人脸图像有效性进行认证的示例。其中，图 7-5(a)为合法的人脸图像以及从中提取出的指纹细节点水印。

一般情况下，使用非法数据对生物特征系统进行欺骗攻击，可分为以下三种情况。

（1）重放攻击（图 7-5(b)）：窃取合法用户包含指纹水印的人脸图像，并重新提交至认证系统。由于丢失的人脸数据可以通过水印密钥的更换实现撤销，所以使用新的密钥从旧数据中提取出的水印无效。

（2）篡改攻击（图 7-5(c)）：篡改合法用户包含指纹水印的人脸图像，会将连同其中的指纹水印一同破坏。损坏后的细节点特征，难以与原始的指纹细节点特征匹配。

（3）伪造攻击（图 7-5(d)）：利用非法手段进行数据伪造（如利用软件合成，或翻拍合法用户的人脸照片）。尽管从该图像中提取出的特征能够与合法用户的人脸特征得到匹配，但由于图像不包含合法用户的指纹水印，因而提取出的细节点特征无效，无法通过指纹水印验证。

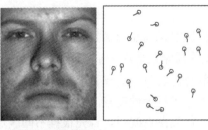
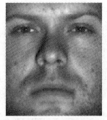

(a) 合法的人脸图像及细节点水印   (b) 使用不同的密钥从含水印图像中提取出的模式

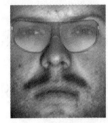

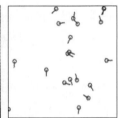

(c) 从篡改后的含水印图像中提取出的模式   (d) 从不包含水印的图像中提取出的模式

图 7-5   从不同人脸图像中提取出的有效细节点水印(a)及无效模式(b, c, d)

综合以上分析，不同类型的欺骗攻击均可通过提取指纹水印并进行细节点验证得到有效抵抗。

7.3.2 融合指纹与人脸的多模态身份识别

在确认数据的有效性之后，指纹细节点水印可以作为辅助生物特征，与宿主人脸图像进行融合识别提高系统性能。根据数据抽象层次的不同，生物特征识别领域通常将多生物特征融合分为以下四个级别[10]。

（1）数据层融合。融合直接在采集的原始数据上进行，在各种传感器采集的原始信号没有经过处理之前就进行数据的综合和分析。对于生物特征图像而言，这种底层数据融合的主要优点是能够尽可能多地保持现场数据，提供其他融合层次不能提供的细微信息，例如，将多传感器采集到的人脸三维深度信息与可见光纹理信息，融合为一幅三维人脸彩色图像。

（2）特征层融合。对来自传感器的原始信息进行特征提取，然后对特征信息进行综合分析和处理。由于所提取的特征直接与决策分析有关，所以融合结果能最大限度地给出决策分析所需要的特征信息。例如，通过典型相关性分析（Canonical Correlation Analysis，CCA）方法[11]，将不同模态的生物特征向量，按照相关性最大的方向投影至新的子空间实现特征融合。

（3）分数层融合。将单个特征分别输入识别模型，得到各个匹配分数，通过融合算法将各个匹配分数进行综合，得到最后的认证结果。

（4）决策层融合。决策层融合是一种高层次的融合策略，通过融合算法将不同模态的特征进行独立处理后得到最终认证结果进行综合[12]。因而，决策层的输出可以视为单个生物特征认证结果的逻辑组合。对于包含两种生物特征认证子系统Ⅰ和Ⅱ的决策层融合策略，存在如下两种形式。

①　"或"规则：用户被生物特征识别系统Ⅰ或Ⅱ接受，即通过认证。

②　"与"规则：用户只有同时被系统Ⅰ和Ⅱ接受，才可以通过认证。

本章选择分数层融合策略，对指纹水印与人脸宿主进行多生物特征融合识别。主要原因有以下几点。

（1）数据层与特征层融合，通常适用于同一种生物特征不同模态的数据。例如，可见光与近红外人脸图像[13]，三维人脸数据的深度信息与二维纹理信息[14]。本章所采用的人脸图像和指纹细节点特征，并不具备相关性，在数据层或特征层对其进行融合的做法缺乏合理依据。

（2）决策层融合策略，通常适用于判别性能接近的多种模态生物特征数据，其中每个单独的生物特征识别系统应具有较为可靠的识别性能。通常情况下，决策层融合"与"规则的设计，是为了满足安全需求较高的应用场合；"或"规则的使用，则是为了向用户提供更多的便利，在某些生物特征不便使用的情况下，可以由其他特征进行替代。

本章指出在生物特征互嵌入场景中，宿主与水印生物特征的可靠性通常并不是对等的：由于嵌入容量的限制，水印生物特征的可判别性一般比较有限，并且由于噪声等因素的干扰，提取出的水印通常存在失真，识别性能会进一步受到影响。因而，在以宿主生物特征为主，水印生物特征为辅的系统中，如果采用决策层融合，则判别性能较弱的水印生物特征很可能会成为限制系统整体性能的主要因素：若采用"与"规则，则在水印生物特征识别系统中遭到错误拒绝的正样本，即使被宿主生物特征识别系统认证为有效，仍会被错误地拒绝。若采用"或"规则，则在水印生物特征识别系统中遭到错误接受的负样本，即使被宿主生物特征识别系统认证为无效，仍会遭到错误接受。

（3）在现有的融合方法中，分数层融合是最为简单有效的[10]。因为分数层融合可以直接通过调整不同模态生物特征数据匹配分数的权值，有效地综合判别性能差异较大的生物特征数据中所蕴涵的信息。

基于以上原因，本章对于宿主人脸识别与指纹细节点水印识别的匹配分数，分别进行归一化，采用加权和方法对其进行融合。常用的归一化方法有最大最小法、中值-绝对偏差法、z-score 方法等。根据 Jain 等的研究结果[15]，简单的最大最小法往往能够在实际应用中取得较好的效果。对于一个相似性得分集合：$\{S_k\}, k=1,2,\cdots,n$，相应的归一化分数计算方法为

$$S'_k = \frac{S_k - \min(S_k)}{\max(S_k) - \min(S_k)} \tag{7-9}$$

式中，$\max(\cdot)$ 和 $\min(\cdot)$ 分别为返回向量的最大及最小值。

7.4　实验结果与分析

本章采用 IRIP Multispectral 多光谱人脸数据库中的可见光人脸图像子集[16]，以及 FVC2002 指纹数据库中的 DB2 子集组合而成的多模态生物特征数据。共包含 150 位不同个体，其中每人具有 9 幅人脸图像，随机选择其中的 5 幅图像进行训练，其余 4 幅作为测试样本。每位个体共有采集自同一手指的 5 幅指纹图像，本章随机选择其中的 1 幅图像存储于数据库，其余 4 幅指纹图像作为测试样本用于细节点水印的生成，并分别将其嵌入在 4 幅用于测试的人脸图像中。

7.4.1　人脸图像的客观质量

由于人脸图像最终用于身份识别，所以在嵌入水印前后图像中的身份判别特征应得到较好的保留。在水印嵌入过程中，需要结合图像不同区域内的判别特征的重要性来设计水印算法，使其对于生物特征图像具有自适应性。由于宿主图像中信息丰富的区域具有较好的噪声掩蔽性，且人脸的显著特征不易受到水印的影响，所以本章主张人脸图像中判别特征丰富的区域更适合水印嵌入。

为了验证该假设，我们结合人脸图像的判别特征重要性，通过调整不同区域中的嵌入强度，设计了三种不同的嵌入策略。

（1）均匀嵌入：对于四层子图采用相同的嵌入强度 $Q_{\text{uniform}} = [3,3,3,3]^{\text{T}}$。

（2）优先嵌入 ROI（region of interest）：对于判别特征较为重要的区域，采用较高的嵌入强度 $Q_{\text{ROI}} = [4,4,2,2]^{\text{T}}$。

（3）优先嵌入 ROB（region of background）：对于判别特征较为不重要的区域，采用较高的嵌入强度 $Q_{\text{ROB}} = [2,2,4,4]^{\text{T}}$。

表 7-1 给出了不同水印嵌入策略下，嵌入水印后图像质量的客观评价指标。根据前面的分析，量化水印造成的均方误差期望值与 Q^2 近似成正比。显然，对于"优先嵌入 ROI"与"优先嵌入 ROB 策略"有 $Q_{\text{ROI}}^2 = Q_{\text{ROB}}^2$，所以二者得到的 PSNR 近似相等（$\text{PSNR} \approx 41.3\,\text{dB}$）。对于均匀嵌入策略，由于 $Q_{\text{uniform}}^2 < Q_{\text{ROI}}^2$，整体造成的均方误差较小，嵌入水印后图像的 PSNR 与 SSIM 客观评价指标也较高。由此结果可以看出，传统的图像质量评价标准，主要反映了水印的总体能量，并不能对嵌入水印后人脸图像判别特征的失真进行有效的衡量和预测。

表 7-1　不同水印嵌入策略下，图像质量的客观评价

	PSNR/dB	SSIM
均匀嵌入	42.95	0.987
优先嵌入 ROI	41.26	0.982
优先嵌入 ROB	41.28	0.982

　　为了衡量嵌入水印对人脸图像判别特征造成的破坏，本章分别采用未嵌入水印的原始人脸图像，以及使用不同嵌入策略得到的含水印人脸图像进行身份识别实验。选取两种人脸识别系统中常用的经典识别方法进行比对：①对噪声较为鲁棒，但准确性有限的 PCA 方法[17,18]；②对人脸局部区域的纹理特征描述较为精细，但对噪声较为敏感的基于 LBP 的识别方法。由于本实验旨在衡量水印嵌入对于人脸特征的影响，所以在两类方法中仅使用简单的最近邻分类器。

　　图 7-6 中给出了识别率的累积匹配特性曲线（Cumulative Match Characteristic, CMC）。基于 PCA 的人脸识别方法，在主成分提取的过程中丢弃了图像中的细微变化，对水印引入的随机噪声起到过滤作用，因而在嵌入水印前后以及采用不同的嵌入策略的情况下，识别性能几乎没有受到影响。LBP 算子描述的是相邻像素之间的大小关系，对于随机噪声较为敏感。图 7-7 给出了在平均嵌入强度 $Q=3$ 的情况下，采用不同策略嵌入水印之后，人脸图像的识别性能。通过对比可以观察到，采用"优先嵌入 ROI"的水印嵌入策略对于人脸识别性能的影响小于"均匀嵌入"策略，小于"优先嵌入 ROB"策略。该结果说明将水印嵌入在特征丰富的 ROI 中，反而能够降低水印对于判别特征的影响。

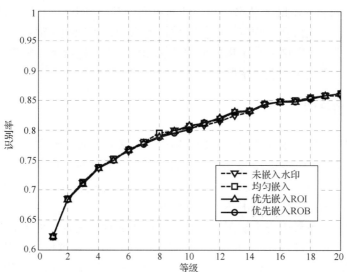

图 7-6　基于 PCA 的人脸识别方法，在嵌入水印前后的识别性能对比

　　现有的人脸水印方法，虽然在主观出发点上具有一定的合理性：为了不影响 ROI 中的人脸判别特征而对其进行回避，将水印嵌入在 ROB。但是，本章通过实验证明了特征显著区域更适合水印嵌入。一方面，ROI 中的显著特征对于水印引入的噪声具有较强的鲁棒性；另一方面，ROB 通常是缺乏纹理、边缘等特征的平滑区域，在其中嵌入水印更容易造成可见失真。这种情况下，水印失真很可能被人脸识别算法当成该区域中的身份特征（如皮肤中的色素沉淀等），对识别过程造成负面影响。

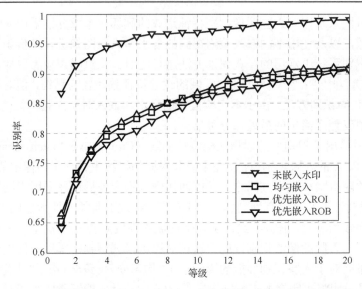

图 7-7   基于 LBP 的人脸识别方法，在嵌入水印前后的识别性能对比

此外，Hämmerle-Uhl 等从水印安全性的角度出发，也得出了与本章相同的观点。他们指出，用于认证宿主生物特征图像有效性的水印，不应回避宿主图像的 ROI。否则，在极端（仅将水印嵌入在生物特征图像的 ROB 中）情况下，能够通过特殊的水印复制攻击，伪造出成功欺骗水印认证系统的非法数据。

7.4.2   水印鲁棒性

在经典的基于鲁棒水印的版权保护应用中，攻击者会使用滤波、裁剪等方法尝试去除水印（即版权标识信息），以获取宿主数据的合法使用权。但是在本方法中水印被用于数据有效性标识，不包含水印的图像将被判定为无效数据，进而导致认证失败。所以，刻意去除水印的恶意攻击在本场景中并无意义。

因而本章中，主要采用常规图像处理操作造成的意外失真（如 JPEG 有损压缩），对水印信息的鲁棒性进行评价。根据之前的分析，在水印嵌入过程中采用较大的 Q 值，能更好地保证水印信息的鲁棒性。所以，从高到低的子层图像中，水印嵌入强度选择为：$Q = [5, 4, 3, 2]^{\mathrm{T}}$。图 7-8 给出了经过不同质量因子的 JPEG 压缩之后，各层子图中水印信息的损坏情况。通过观察可以发现，区分嵌入强度的做法，能够对于较高子层中的重要信息（即数值水印的高权重位）进行更有效的保护。

图 7-9 中给出了指纹细节点水印在不同程度失真后的识别性能。其中"JPEG 80"表示从经受过质量因子为 80 的 JPEG 压缩后的人脸宿主图像中提取指纹细节点水印，并将其用于身份识别得到的性能曲线。通过与图 7-8 中的结果进行对照观察可以发现，虽然在 JPEG 压缩质量因子等于 60 的情况下，低层子图中所包含的水印已经出现较大

程度的失真,但由于较高子层中的重要信息在较大嵌入强度的保障下得到较好的保存,所以整体指纹水印特征的判别性能, 与未失真的指纹特征相比得到了较好的保留。

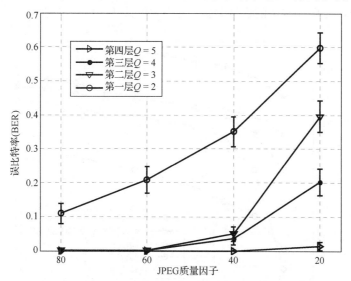

图 7-8　不同嵌入强度下,水印对 JPEG 压缩的鲁棒性

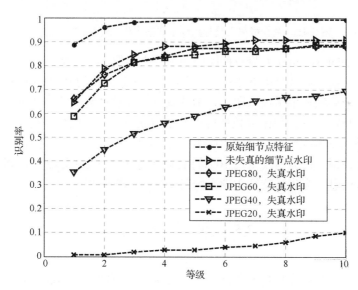

图 7-9　指纹细节点水印在不同程度失真后的识别性能

7.4.3　多模态生物特征识别

为了验证提取出的指纹细节点水印,能够为生物特征系统整体识别率作出的贡献。本章分别单独使用嵌入水印后的人脸图像以及从人脸图像中提取出的指纹细节点

水印进行身份识别,以及对如上两个识别子系统在分数层进行融合的多模态身份识别,结果如图 7-10 所示。鉴于水印在容错性以及对噪声鲁棒性上的缺点,本章在匹配分数融合的过程中,为指纹水印的识别分数分配了较低的权重。

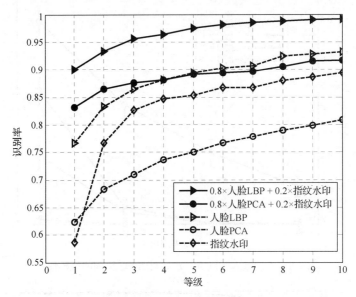

图 7-10　融合宿主人脸与指纹水印的多生物特征识别性能

由于 IRIP Multispectral 人脸数据库中的个体大多属于年龄 20～30 岁的亚裔人群,肤色等整体性特征的可区分度并不高,所以基于主成分分析的 PCA 人脸识别方法性能一般,甚至低于单独使用指纹水印的识别准确率。在这种情况下,通过与指纹水印融合进行多模态身份识别,相比单独使用人脸图像获得了显著的性能提升(约 20%)。基于 LBP 的人脸识别方法本身的识别精度与指纹识别相比高出了约 10%,但通过与指纹水印的融合识别,仍能够获得近 10% 的准确度提升。由此可以证明,指纹水印能够作为辅助身份信息,为生物特征识别系统带来额外的性能提升。

7.5　本　章　小　结

本章提出了一种基于特征显著性的生物特征水印方法,将指纹特征作为水印信息嵌入在同一个体的人脸图像中。在生物特征识别之前,首先,通过指纹水印认证确保人脸数据的有效性,防止伪造、篡改的非法数据对于识别系统的恶意攻击。其次,合法数据中包含用户身份信息的指纹水印,可以作为辅助数据与人脸图像进行融合识别,提高系统认证精度。

在水印的自适应嵌入过程中,使用基于 Adaboost 的特征选择方法对于人脸宿主图像中不同区域内的 LBP 特征显著性进行评价。指出人脸图像中判别特征丰富的区域更适合水印嵌入，并通过实验验证了该假设。

所提出的方法可以有效提高生物特征识别系统的安全性和可靠性。一方面，使用私钥水印将指纹特征隐蔽在宿主图像中，相当于对其进行了二次加密，增强了指纹数据的安全性；另一方面，对于人脸图像而言，不包含水印的伪造图像以及水印遭到破坏的篡改图像都可以在认证端的水印检测中得到鉴别，保证了数据的可靠性。最后，从合法图像中提取出的指纹水印，可以作为辅助信息与人脸进行多生物特征融合识别，提高认证精度。

参 考 文 献

[1] Maio D, Maltoni D, Cappelli R, et al. FVC2002: second fingerprint verification competition[C]. International Conference on Pattern Recognition, 2002: 811-814.

[2] Ojala T, Pietikäinen M, Mäenpää T. Gray scale and rotation invariant texture classification with local binary patterns[C]. European Conference on Computer Vision (ECCV), 2000: 404-420.

[3] Ojala T, Pietikainen M, Mäenpää T. Multiresolution gray-scale and rotation invariant texture classification with local binary patterns[J]. IEEE Transactions on Pattern Analysis and Machine Intelligence, 2002, 24(7): 971-987.

[4] Zhang G, Huang X, Li S Z, et al. Boosting local binary pattern (LBP)-based face recognition[C]. Advances in Biometric Person Authentication (ICB), 2005: 179-186.

[5] Jin H, Liu Q, Lu H, et al. Face detection using improved LBP under bayesian framework[C]. International Conference on Image and Graphics, 2004: 306-309.

[6] Shan C, Gong S, McOwan P W. Robust facial expression recognition using local binary patterns[C]. International Conference on Image Processing (ICIP), 2005: 370-373.

[7] Ahonen T, Hadid A, Pietikäinen M. Face recognition with local binary patterns[C]. European Conference on Computer Vision (ECCV), 2004: 469-481.

[8] Freund Y, Schapire R E. A desicion-theoretic generalization of on-line learning and an application to boosting[C]. Computational Learning Theory, 1995: 23-37.

[9] Viola P, Jones M. Rapid object detection using a boosted cascade of simple features[C]. Computer Vision and Pattern Recognition, 2001: 511-518.

[10] Ross A, Jain A. Information fusion in biometrics[J]. Pattern Recognition Letters, 2003, 24(13): 2115-2125.

[11] Hardoon D R, Szedmak S, Shawe-Taylor J. Canonical correlation analysis: an overview with application to learning methods[J]. Neural Computation, 2004, 16(12): 2639-2664.

[12] Chatzis V, Bors A G, Pitas I. Multimodal decision-level fusion for person authentication[J]. IEEE Transactions on Systems, Man and Cybernetics, Part A: Systems and Humans, 1999, 29(6): 674-680.

[13]　Shao M, Wang Y. Joint features for face recognition under variable illuminations[C]. International Conference on Image and Graphics, 2009: 922-927.

[14]　Huang D, Ardabilian M, Wang Y, et al. Asymmetric 3D/2D face recognition based on LBP facial representation and canonical correlation analysis[C]. IEEE International Conference on Image Processing (ICIP), 2009: 3325-3328.

[15]　Jain A K, Nandakumar K, Ross A. Score normalization in multimodal biometric systems[J]. Pattern Recognition, 2005, 38(12): 2270-2285.

[16]　Shao M, Wang Y, Wang Y. A super-resolution based method to synthesize visual images from near infrared[C]. Proceedings of the International Conference on Image Processing, 2009: 2453-2456.

[17]　Turk M, Pentland A P. Eigenfaces for recognition[J]. Journal of Cognitive Neuroscience, 1991, 3(1): 71-86.

[18]　Turk M A, Pentland A P. Face recognition using eigenfaces[C]. IEEE Computer Society Conference on Computer Vision and Pattern Recognition, 1991: 586-591.

第 8 章　基于指纹图像小波极值量化的人脸水印嵌入算法

8.1　引　　言

本章提出一种在人脸图像嵌入信息的鲁棒水印方法。在该过程中，需要结合宿主生物特征图像的特性设计水印嵌入方法，在不影响其判别特征的前提下提高嵌入容量及鲁棒性。所以，为了在不同类型的生物特征图像嵌入信息，应根据宿主特征的特点设计相应的水印方法。

作为最早研究且应用广泛的生物特征技术之一，指纹识别已经相对成熟，准确率能够满足大多数实际应用的需求。相比进一步提高识别率，指纹识别系统面临的更重要的问题是如何应对各种针对指纹识别系统的恶意攻击，尤其是指纹图像的伪造[1]。所以，研究如何利用数字水印技术对指纹图像进行保护具有重要意义。

与平滑区域较多的人脸图像不同，指纹图像包含丰富的纹理特征，对于嵌入水印造成的随机噪声具有较好的视觉掩蔽效应，适合采用鲁棒性更高的变换域水印嵌入方法。离散小波变换作为一种有效的时频分析工具，在数字水印与指纹分析领域均取得了成功的应用，因而本章选择离散小波变换域进行水印嵌入。在分析指纹图像特点的基础上，设计出一种基于小波系数显著差异量化的指纹水印方法，并通过实验对水印算法的保真度与鲁棒性和经典的指纹水印方法进行对比和分析。

8.2　基于小波局部极值量化的指纹水印

8.2.1　小波系数显著差异

在鲁棒水印领域，一个被研究者广泛认可的原则是：为了保证水印方法的性能，水印能量应分布在图像的重要内容中[2]，主要原因有以下两点。

（1）出于保真度考虑：图像的重要内容具有较高的感知容量，能够忍受较大幅度的失真却不会引起人眼的视觉注意。

（2）出于鲁棒性考虑：大多数图像处理操作（如有损压缩、图像滤波等），对图像的重要内容影响较小，因而嵌入在其中的水印，将会受到较小的影响。

研究者根据对图像中"重要内容"定义的不同，设计出不同的鲁棒性水印算法。本章认为离散小波变换域中低频率子带的大幅值小波系数，能够较好地刻画图像的重要内容。如何自适应地选取重要的小波系数，并采用合适的嵌入方法将水印能量分配到这些系数上是水印算法设计的关键问题。

经典的离散小波域水印方法，主要采用阈值操作选取出幅值较大的小波系数作为嵌入候选。但是，由于水印嵌入过程中会改变小波系数的幅值，且含水印图像在遭受过噪声等失真之后小波系数的大小关系也容易发生变化。所以需要对嵌入水印的位置进行记录，难以实现水印信息的盲提取。

本章采用基于小波系数随机分组的策略，对该问题进行解决。通过如图 8-1 所示的流程，按照如下步骤提取每组小波系数的显著差异值特征，用于后续的水印嵌入。

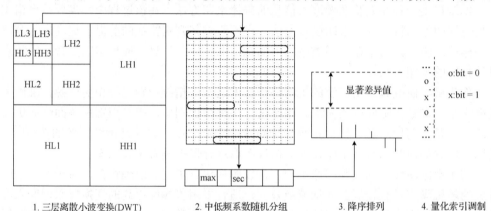

图 8-1　显著差异值量化流程图

（1）对原始图像进行三层离散小波变换。

（2）选择中低频的 LH3 及 HL3 子带中的系数作为候选嵌入系数，根据密钥 Key 对其进行随机排列分组。

（3）对于第 k 组系数 C_k，按照如下公式计算显著差异值：

$$\varepsilon_k = \max(C_k) - \sec(C_k) \qquad (8\text{-}1)$$

式中，$\max(\cdot)$ 与 $\sec(\cdot)$ 函数，分别返回输入向量的最大值与次大值。

由于系数的随机组合由密钥 Key 唯一确定，只需保障该信息的隐秘性即可确保攻击者无法从原始图像的小波系数中提取显著差异特征。除了保证方法的安全性以外，随机置乱操作还有利于消除小波系数的空间相关性，使得统计意义上而言每组系数中均可能包含较大幅值的小波系数。否则，若直接将相邻的小波系数划分为一组，则图像平滑区域中的小波系数均接近为零，选择其中的"局部极大值"作为水印嵌入的候选系数，将不可避免地造成较大的视觉失真。

8.2.2　量化索引调制

量化索引调制（Quantization Index Modulation，QIM）[3]的基本思想是构造一组量化器，通过修改信号重建点的索引值实现信息隐藏。

最基本的 QIM 水印方案可以由一个步长为 Δ 的均匀量化器：$Q(x) = \text{round}\left(\dfrac{x}{\Delta}\right) \cdot \Delta$，产生两个抖动量化器 $Q_w(\cdot)$ 来实现水印信息 w 的嵌入（图 8-2）：

$$Q_w(x) = Q(x - d_w) + d_w, \quad w = 0,1 \tag{8-2}$$

式中，$d_0 = -\dfrac{\Delta}{4}$；$d_1 = \dfrac{\Delta}{4}$；$d_{\min} = \dfrac{\Delta}{2}$ 为两个量化器重建点之间的最小距离，即 "o" 和 "x" 的最小间距。水印嵌入函数可表示为

$$y = \begin{cases} Q_0(x), & w = 0 \\ Q_1(x), & w = 1 \end{cases} \tag{8-3}$$

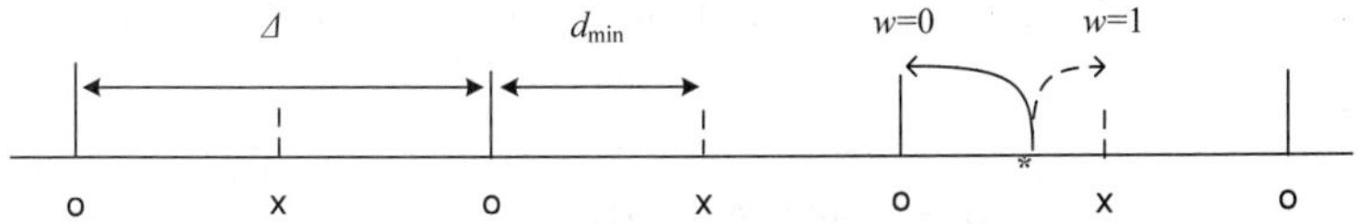

图 8-2　基于 QIM 的水印位嵌入示意图

显然，水印嵌入造成的最大绝对误差为 $\Delta / 2$。假设量化误差在区间 $[-\Delta / 2, \Delta / 2]$ 上服从均匀分布，则水印嵌入引起的均方误差理论值为 $\Delta^2 / 12$ [3]。

由于含水印信号在传输的过程中可能遭受噪声的影响，假设提取器接收到的信号为 $\hat{y} = y + n$，可以通过寻找距离 $\hat{y}$ 最近的重建点，实现水印信息的提取：

$$\hat{w} = \arg\min_{\hat{w} = \{0,1\}} \left\| \hat{y} - Q_{\hat{w}}(\hat{y}) \right\| \tag{8-4}$$

从 QIM 的译码规则可以观察到，水印提取过程无须原始图像或水印信息的辅助，可以做到盲检测。在宿主遭受噪声 n 的影响的情况下，只要满足 $|n| < \Delta / 4$，即可保证水印信息的正确提取。当 $|n| > \Delta / 4$ 时，提取出的水印信息可能会出现错误。

8.2.3　SD-QIM 水印嵌入与提取算法

1）水印嵌入

综合上述的显著差异特征提取与基于量化索引的信号调制方法、SD-QIM 水印嵌入算法，可以概括为以下步骤。

（1）对原始图像进行三层离散小波分解，本章采用了 CDF 9/7 小波。

（2）使用水印嵌入密钥 Key，对 LH3 与 HL3 两个子带中的系数进行随机置乱，并对其进行分组。

（3）采用量化索引调制方法，将第 k 位水印信息 w_k 嵌入第 k 组小波系数中，按照式（8-1），计算系数的原始显著幅值差异特征 ε_k，根据待嵌入的第 k 位水印信息 w_k，按照式（8-2）将 ε_k 量化为 ε_k'，将显著幅值差异的修改量 $\varepsilon_k' - \varepsilon_k$ 分配至本组中最大的小波系数。

（4）将小波系数按照原始次序重新排列并进行离散小波逆变换，得到嵌入水印后的图像。

2）水印提取

基于 QIM 的水印提取并不需要原始的水印信息进行辅助，可以实现盲检测。在量化步长参数 Δ 及水印密钥 Key 已知的前提下，水印提取算法可以概括为如下步骤。

（1）对输入的待测图像进行三层离散小波分解。

（2）使用水印密钥 Key，对 LH3 与 HL3 两个子带中的系数进行随机置乱，并对其进行分组。

（3）根据式（8-1）重新计算每组系数的显著差异值 ε_k。

（4）按照式（8-4）对隐藏在显著差异值 $\hat{\varepsilon}_k$ 中的信息进行解码，得到提取出的水印序列 $\hat{W} = \hat{w}_k, k = 1, \cdots, N_w$。

8.3　实验结果与分析

本章选择 FVC2002 DB2 指纹图像数据库中的 110×8 幅指纹图像（分辨率为 596×296 的八位灰度图像），对于所提出的 SD-QIM 指纹水印方法的性能进行测试，并与指纹水印领域中最具代表性的 NAM 方法[4,5]，针对 JPEG、WSQ 压缩[6]、加性高斯白噪声（AWGN）等失真的鲁棒性进行对比。实验中嵌入的水印序列长度为 512 位。

8.3.1　水印造成的图像失真

本章首先采用 PSNR 和 SSIM 作为水印嵌入对宿主指纹图像质量损坏程度的客观评价标准，对嵌入强度参数 Q 与图像客观质量之间的关系进行衡量，结果如图 8-3 和图 8-4 所示。在实际应用中，可以根据对嵌入水印后图像质量的需求，选择合适的嵌入强度参数。

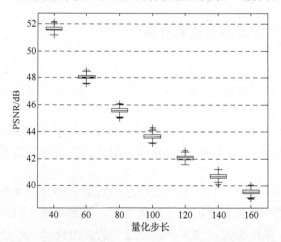

图 8-3　采用不同强度嵌入水印后，指纹图像的 PSNR

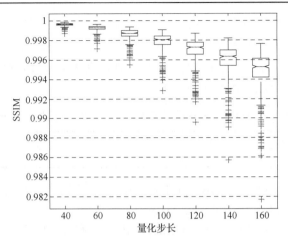

图 8-4   采用不同强度嵌入水印后，指纹图像的 SSIM

在前面曾分析过，宿主指纹图像最终的应用价值在于进行身份识别，数字水印的嵌入不应对指纹特征的可区分性造成影响。本章通过嵌入水印后的指纹图像的识别率，验证了不同强度的水印嵌入对识别性能的影响，结果如表 8-1 所示。为了便于与指纹图像的客观质量评价指标进行对比，表 8-1 中同时给出了相应嵌入强度下指纹图像的 PSNR 与 SSIM 值（与图 8-3 和图 8-4 中的结果相对应）。

表 8-1   采用不同强度嵌入水印后，指纹图像的识别率及质量评价指标

Δ	40	60	80	100	120	140	160
PSNR/dB	51.62	48.07	45.57	43.65	42.07	40.71	39.56
SSIM	0.997	0.992	0.9986	0.9979	0.9970	0.9960	0.9948
识别率/%	92.27	92.27	92.73	92.73	92.95	91.14	91.36

在未嵌入水印之前，使用原始的指纹图像进行身份识别的识别率为 92.27%。可以观察到，随着强度的增加，指纹图像的识别性能几乎未发生变化。由于生物特征判别特征对于噪声的鲁棒性，一个设计良好的生物特征识别系统对于水印噪声的敏感度会低于人眼的感知灵敏度，即便已经出现轻微视觉失真，宿主图像的识别特性仍未受到影响。然而，当水印嵌入强度增大到一定程度时，识别率仍然会下降。在 SD-QIM 方法中，建议将嵌入强度设置为 $\Delta \leqslant 120$。

8.3.2   水印鲁棒性

在本章所提出的生物特征互嵌入应用场景中，未授权删除水印并不是攻击者目的，因为水印信息的丢失将意味着数据的失效，攻击者无法从中获益，所以在提出的方法中，水印的鲁棒性更多是针对日常图像处理中可能遭受的意外失真，如有损压缩、随机噪声等。

一般地，较高的水印嵌入强度，能够增强水印的鲁棒性，却对宿主图像造成更多的失真。根据表 8-1 以及表 8-2 中给出的嵌入强度与图像质量之间的关系，本章为 SD-QIM 以及 NAM 方法[3]选择了两组参数，使得嵌入水印后的图像具有近似相等的 PSNR，并在该条件下进行鲁棒性的对比。

表 8-2　NAM 方法采用不同强度嵌入水印后的图像 PSNR

q	0.03	0.05	0.08	0.1	0.13	0.15
PSNR/dB	52.60	48.16	44.08	42.10	39.86	38.62

（1）采用较高嵌入强度（High-profile，HP），宿主图像在嵌入水印后，出现轻微的视觉失真。SD-QIM：$\Delta = 120$；NAM: $q = 0.1$。

（2）采用较低嵌入强度（Low-profile，LP），具有较高的保真度，即便通过人眼将含水印图像与原始图像进行对照，也难以察觉水印造成的视觉失真。SD-QIM：$\Delta = 60$；NAM: $q = 0.05$。

1）有损压缩

有损压缩是图像在存储、传输和常规处理操作中最易遭受的意外失真。首先选择图像压缩算法中最具代表性的 JPEG 压缩算法，对 SD-QIM 以及 NAM 方法的鲁棒性进行评测。图 8-5 给出了水印的误比特率随着 JPEG 压缩质量因子的变化曲线。一般而言，质量因子越低，JPEG 压缩对于水印造成的失真越大。通过观察可以发现以下几点。

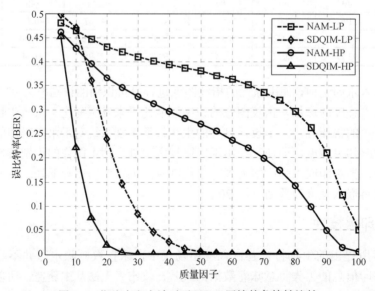

图 8-5　指纹水印方法对于 JPEG 压缩的鲁棒性比较

（1）NAM 方法对于 JPEG 压缩造成的失真较为敏感，在图像质量较高的情况下，已经出现了水印错误提取的情况。例如，JPEG 压缩质量因子等于 90，即便采用较高的嵌入强度，水印仍出现了 5% 的误比特率。造成该结果的主要原因是，NAM 方法通过调整中心像素与邻域像素灰度值的大小关系实现信息嵌入，水印信号近似于在图像中添加的随机高频噪声。JPEG 压缩算法对于 DCT 域的高频部分采用较大的质量因子，在丢弃图像中的边缘等高频特征的同时，对于 NAM 方法的水印信息也造成较为严重的损坏。

（2）SD-QIM 方法对于 JPEG 压缩具有较好的鲁棒性，SDQIM-HP 和 SDQIM-LP 分别能够在质量因子高于 55 和 30 的前提下完全正确地提取所有水印位。虽然 SD-QIM 并非针对 JPEG 压缩所使用的离散余弦变换而设计，但该方法通过修改 DWT 中低频子带的大幅值小波系数，有效地将水印能量分配在图像的重要内容中，因而水印信息受 JPEG 压缩的影响较小。

WSQ（wavelet scalar quantization）算法是美国联邦调查局（FBI）针对指纹图像区别于一般自然图像的丰富纹理特征特别设计的压缩算法。WSQ 通过对指纹图像的小波变换系数，根据各子带的能量进行自适应量化，并对结果进行 Huffman 编码和游程编码。由于 DWT 是很好的指纹特征分析工具，多数指纹增强、特征提取算法均在 DWT 域工作，所以 WSQ 算法在指纹图像压缩问题中具有优越的性能。图 8-6 给出了 SD-QIM 与 NAM 对于 WSQ 指纹压缩算法的鲁棒性。图 8-6 中横坐标的压缩率采用比特每像素（Bit per Pixel，BPP）表示。对于 256 阶灰度图像，未经压缩的情况下每像素比特数为 8。随着 BPP 的降低，压缩造成的失真逐渐增大。可以观察到，SD-QIM 相比 NAM 具有较为明显的鲁棒性优势，造成该结果的原因与 JPEG 压缩的情况类似。

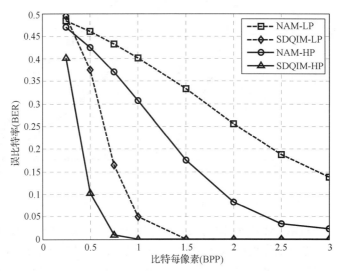

图 8-6　指纹水印方法对于 WSQ 压缩的鲁棒性比较

FBI 推荐采用的压缩率为 1∶15[7]，对于 256 阶灰度指纹图像而言，即从原始的 8

位每像素压缩至 1.6 位每像素。从图 8-6 中可以观察到本章所提出的 SD-QIM 指纹水印方法，即便采用较低的嵌入强度（$\Delta=60$）在 BPP = 1.5 的情况下仍未出现错误提取现象，能够完全抵抗 WSQ 压缩造成的失真。

2）图像降采样及平滑滤波

在常规的图像处理任务中，由于调整图像尺寸而造成的重采样是造成意外失真的重要原因之一。由于图像的放大操作并不会造成图像中原始信息的丢失，本实验中主要考虑图像的降采样操作。为了评价水印方法对于该操作的鲁棒性，我们首先采用不同的缩放因子对含水印图像的尺寸进行调整。然后，将结果图像归一化到原始尺寸进行水印提取。

图 8-7 给出了 SD-QIM 与 NAM 在不同降采样比率下的误比特率曲线，缩放因子取 0.5 表示含水印图像被降采样到原始尺寸的 50%之后，再通过插值方法恢复至原始尺寸进行水印提取的结果。可以观察到，SD-QIM 方法具有明显优势。图 8-8 中对比了 SD-QIM 与 NAM 对于平滑滤波的鲁棒性。应该指出的是，平滑滤波对于水印信息的破坏是非常巨大的，尺寸为 5 的平滑滤波与将图像采样降至原始尺寸的 1/5 所造成的失真接近。在这种情况下，采用 SDQIM-HP 相比 NAM-HP 仍具有接近 10%的优势。

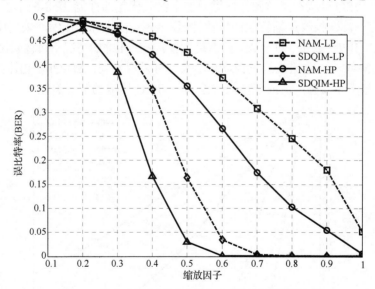

图 8-7　指纹水印方法对于图像降采样的鲁棒性比较

分析原因在于 SD-QIM 将水印信息嵌入在小波变换的第三层子带，与图像的中低频信息共存，即使在遭受降采样与平均滤波的情况下，仍能够得到较好的保存。相反地，NAM 是基于像素之间的大小关系，水印信号类似于叠加在原始图像上的高频随机噪声。所以，NAM 方法对于降采样、平滑滤波操作较为敏感，鲁棒性较差。

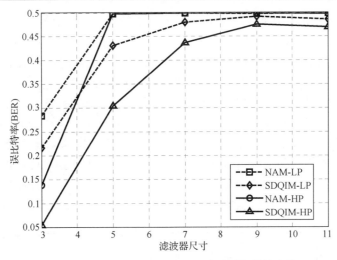

图 8-8　指纹水印方法对于平滑滤波的鲁棒性比较

3）随机噪声

最后，我们测试了水印算法对于常见的加性噪声的鲁棒性。图 8-9 给出了 SD-QIM
和 NAM 在遭受不同标准差的加性高斯白噪声（AWGN）失真的情况下，提取水印的
误比特率曲线。通过观察对比，可以得出以下几点结论。

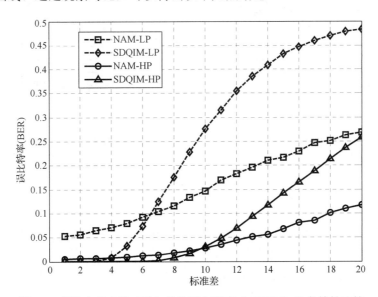

图 8-9　指纹水印方法对于加性高斯白噪声（AWGN）的鲁棒性比较

（1）在图像质量较高，噪声的标准差未达到某个阈值的前提下，SD-QIM 可以保
证所有水印位的正确提取。但是，在噪声超出一定程度后，误比特率将急剧上升。

（2）NAM 方法的误比特率随噪声标准差增长的速率较为缓慢，在噪声强度较大，图像质量较为恶劣的情况下，与 SD-QIM 方法相比具有优势。但是，在图像质量较高，噪声强度较低的情况下，NAM 方法已经出现错误提取的情况。若采用较低的嵌入强度（NAM-LP），甚至在 $\sigma=1$ 时，已经出现了 5% 的误比特率。

椒盐噪声是一种对各种类型的水印信息影响均较为严重的失真，对于给定的噪声密度 ρ，图像中将会有相应百分比的像素被随机替换为 0 或 255，导致这些像素中所包含水印能量的完全丢失。从图 8-10 中的结果可以观察到，椒盐噪声对于 SD-QIM 以及 NAM 方法嵌入的水印信息均造成了较大的破坏。但是由于 NAM 中水印位的提取仅与被选中嵌入水印的中心像素及其八邻域的像素值有关，若以上像素均未遭受椒盐噪声的污染，则相应的水印信息位将完全不受影响，NAM 表现出更好的鲁棒性。

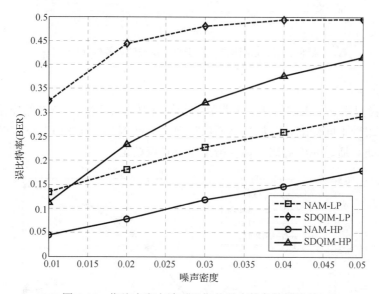

图 8-10　指纹水印方法对于椒盐噪声的鲁棒性比较

8.4　对于 SD-QIM 方法的进一步改进

SD-QIM 方法是从指纹图像纹理丰富的特点出发，针对其 DWT 变换域局部奇异值较多且相应幅值较大的特点设计出的量化水印嵌入方法。然而，该方法是否适用于其他类型的生物特征宿主图像，如人眼视觉较为敏感的人脸图像，纹理特征较为匮乏的静态签名图像等，有待于进一步的探讨。

为了不失一般性，我们采用传统的图像数字水印技术中普遍使用的 USC-SIPI 自然图像数据库进行测试。对于该数据库中的二十多幅灰度图像中小波系数显著差异值进行统计，在分组大小设定为 7 的前提下，使用不同的密钥重复 1000 次实验得到的平

均显著差异值 $\varepsilon \approx 15$，仅为相同条件下 FVC2002 DB2 数据库中指纹图像的平均显著差异值的十分之一。直接采用 SD-QIM 方法嵌入水印，将不可避免地造成可见失真。

基于以上原因，本节对于 SD-QIM 水印方法进行改进，并在自然图像上与离散小波变换域中的代表性水印方法[8-11]进行比较。

8.4.1　显著幅值差异特征

为了保证水印方法的性能，水印能量应分布在图像的重要内容中，主要原因有两点：一方面，图像重要内容具有较高的感知容量，能够忍受较大幅度的失真却不会引起人眼的视觉注意；另一方面，大多数图像处理操作对图像的重要内容影响较小，因而嵌入在其中的水印将会受到较小的影响。

SD-QIM 方法为了自适应地选择重要小波系数，对于三层离散小波变换的中低频系数（LH3 与 HL3 子带）进行随机分组，每组包含 M 个系数，令 $C_{\max}^k$，$C_{\sec}^k$ 分别为第 k 组系数中的最大与次大值，则显著差异值定义为 $\varepsilon_k = C_{\max}^k - C_{\sec}^k$。

通过分析可以发现，显著差异特征在以下两方面存在改进空间。

（1）显著差异的定义为两个最大系数之间的差异，只考虑了正系数，将大量具有负值的小波系数排除在嵌入候选之外。小波系数的符号仅代表与基函数的正负相关性，系数能量的大小由幅值决定。所以，存在大量的符号为负且幅值较大的小波系数适合用于水印嵌入。

（2）具有较大幅值的小波系数，代表着图像中的重要内容信息，对于有损压缩、噪声等失真的抵抗性较强。所以，在相同子带中，可以近似地认为小波系数的稳定性与其幅值成正比。显著差异特征的稳定性，由最大系数与次大系数幅值的稳定性共同决定。然而，由于次大系数幅值较低、稳定性较弱，一旦该系数发生变化，即使最大系数保持不变，显著差异值仍会受到影响。

根据如上分析，我们对显著差异特征进行改进，定义每组小波系数的显著幅值差异特征（Significant Amplitude Difference，SAD）为：组内幅值最大的正、负系数的幅度之差，按照图 8-11 所示流程进行提取，可以通过如下方程进行描述：

$$\delta_k = \begin{cases} \left| |C_{\max}^k| - |C_{\min}^k| \right|, & \text{sign}(C_{\max}^k \cdot C_{\min}^k) = -1 \\ \max\left(|C_i^k|\right) - \sec\left(|C_i^k|\right), & \text{其他} \end{cases} \tag{8-5}$$

其中，第二段方程表示，若每组小波系数中所有系数符号相同，则选择幅值最大的两个系数进行显著幅值差异的计算。显然，若一组小波系数中仅包含了正系数，则显著幅值差异将退化为显著差异。同一组中的 M 个系数全部具有相同符号的概率为 2^{-M+1}。在分组较大的情况下，式（8-5）的第二段可以忽略不计。为了便于叙述和分析，后面统称每组中参与计算显著幅值差异的两个系数为具有极大幅值的正、负系数。

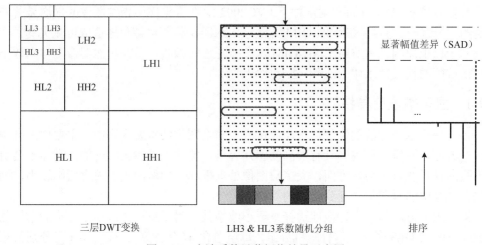

三层DWT变换　　　　　　　LH3 & HL3系数随机分组　　　　　　排序

图 8-11　小波系数显著幅值差异示意图

　　显著幅值差异特征的稳定程度，与正负极大幅值的均值性成正比。显然，分组大小参数 M 值越高，每组系数中包含大幅值系数的概率就越高。图 8-12 给出了不同分组大小的情况下，小波系数正负极大幅值的平均值。可以观察到，从具有不同特点的图像中得到的结果均符合我们的假设。其中，具有丰富的线条特征的 Boat 和 F-16 图像，由于较高幅值的小波系数较多（通常代表了物体的边缘轮廓等特征），在分组大小相同的情况下，正负极大幅值的均值也较高。

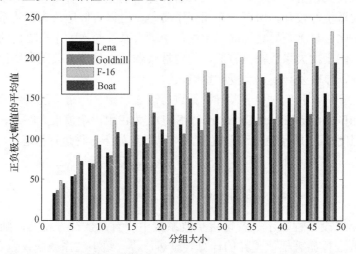

图 8-12　不同分组大小的情况下，小波系数正负极大幅值的平均值

8.4.2　抖动索引调制

　　在 SD-QIM 方法中，我们分别使用两个抖动量化器实现量化索引调制，其中抖动

向量为两个常数：$d_0 = -\dfrac{\varDelta}{4}$，$d_1 = \dfrac{\varDelta}{4}$。但是，当原始信号的幅值较小（与量化步长相近）时，信号在每个量化区间内不再服从均匀分布，一方面导致量化失真与原始宿主信号的具体分布相关；另一方面将降低量化后信号的感知质量。

为了解决以上问题，Chen 等在基本的均匀量化索引调制（QIM）模型上提出了抖动索引调制（dither modulation）[3,12]。在水印量化器中引入随机抖动向量，对原始信号 x 进行调制，即

$$y_k = D(x_k, w_k) = Q_{w_k}(x_k + d_{w_k}[k], \varDelta) - d_{w_k}[k] \tag{8-6}$$

式中，$d_0[k]$ 为分布在 $[-\varDelta/2, \varDelta/2]$ 上的伪随机向量，即

$$d_1[k] = \begin{cases} d_0[k] - \varDelta/2, & d_0[k] < 0 \\ d_0[k] + \varDelta/2, & d_0[k] > 0 \end{cases} \quad (k = 1, 2, \cdots, N_w) \tag{8-7}$$

在接收到可能遭受失真的信号 z_k 之后，水印信息的第 k 位可以通过最小距离解码器进行提取，即

$$\hat{w}_k = \arg\min_{\{0,1\}} \|z_k - D(z_k, w_k)\| \tag{8-8}$$

与均匀量化索引调制相比，抖动索引调制主要有以下三点优势[3,13]。

（1）引入了伪随机抖动向量进行信号调制，能够提高量化后信号的感知质量。

（2）量化噪声独立于载体信号。

（3）抖动向量可以作为额外的水印密钥进行保存，增强水印系统的安全性。

8.4.3　基于 SAD-DM 的水印嵌入及提取方法

综合以上对于显著幅值差异特征的计算及基于抖动的系数调制方法，SAD-DM 水印的嵌入过程可以概括为以下五个步骤。

1）小波分解

对原始宿主图像进行三层离散小波变换，并选出 LH3 与 HL3 子带中的系数为嵌入水印做准备。

2）系数随机分组

根据密钥 Key_s 对 LH3 和 HL3 中的系数进行随机置乱，将不交叠的每 M 个系数划分为一个系数组（本章中取 $M = 15$），并选择前 N_w 组系数用于嵌入长度为 N_w 的水印信息 $W = \{w_k \in \{0,1\} \mid k = 1, 2, \cdots, N_w\}$。

3）抖动向量生成

根据另一密钥 Key_d 生成两个维度为 k 的随机抖动向量 d_0、d_1。

4）显著差异幅值调制

通过以下步骤，将第 k 位水印信息，嵌入第 k 组小波系数中，按照式（8-5），计

算本组系数的显著幅值差异特征 δ_k，根据待嵌入的水印位信息，按照式（8-6）对原始显著幅值差异特进调制，计算出经抖动索引量化后的显著幅值差异值 δ'_k。将显著幅值差异的修改量平均分配到具有正负极大幅值的系数上，即

$$(C_{max}^k)' = C_{max}^k + (\delta'_k - \delta_k)/2 \tag{8-9}$$

$$(C_{min}^k)' = C_{min}^k - (\delta'_k - \delta_k)/2 \tag{8-10}$$

5）重构图像

根据 Key_s 将修改后的水印系数恢复到 LH3 和 HL3 子带中的原始排列次序，并通过小波逆变换得到嵌入水印后的图像。水印提取过程包括以下四个步骤。

（1）小波分解

对原始宿主图像进行三层离散小波变换，并选出 LH3 与 HL3 子带中的系数为提取水印做准备。

（2）系数随机分组

根据密钥 Key_s 对 LH3 和 HL3 中的系数进行随机置乱，将不交叠的每 M 个系数划分为一个系数组，并选择前 N_w 组系数分别用于 N_w 位水印信息的提取。

（3）显著幅值差异计算

根据式（8-5）重新估计每组小波系数的显著幅值差异 $\hat{\delta}_k$。

（4）水印位解码

利用 Key_d 重新生成随机抖动向量 d_0、d_1，并根据式（8-8）实现水印位的解码，得到提取出的水印 $\hat{W}$。

8.4.4　实验结果与分析

为了验证所提出方法的性能，本章在 USC-SIPI 自然图像数据库上将 SAD-DM 与 SD-QIM 以及小波系数量化的代表性方法，就水印的保真度以及针对有损压缩等常见失真的鲁棒性进行对比。

1. 保真度

PSNR 是数字图像水印中常用的图像质量评价标准，虽然该指标并不能很好地与人眼的感知质量相契合，但客观地衡量了水印嵌入对于原始图像的总修改量。一般的做法是调整嵌入强度参数使得嵌入水印后的图像具有相同的 PSNR，然后通过观察图像的视觉效果对比不同水印方法的保真度。若水印方法在较低的 PSNR 下，仍能够保持较高的感知质量，则更能说明水印方法在保真度上的优势。

图 8-13 给出了采用 SDWCQ[8]，SD-QIM 以及 SAD-DM 方法嵌入水印后的 Lena 图像及其局部细节。其中，SDWCQ 与 SD-QIM 方法是基于小波系数显著差异的水印嵌入方法。在本节中我们曾经分析过，显著性差异特征只考虑了具有正值的小波系数，

将大量具有负值的小波系数排除在外。为了保证水印的嵌入容量，SDWCQ 与 SD-QIM 方法将不得不选择幅值相对较小的正系数进行修改，从而导致可见失真的出现。SDWCQ 由于采用调幅修改方法，视觉失真比基于量化索引调制的 SD-QIM 更为明显。

(a) SDWCQ，PSNR=44.25 dB

(b) SD-QIM，PSNR=42.57 dB

(c) SAD-DM，PSNR=42.28 dB

图 8-13　采用不同水印方法嵌入水印后，Lena 图像的视觉质量对比

　　SAD-DM 方法定义了显著幅值差异，将具有较大幅值的负系数考虑在内，在图像的感知容量较高的重要内容中嵌入水印，从而能够承受更多的水印失真，却不会引起人眼的视觉注意。

　　表 8-3 给出了在嵌入容量为 256 位，量化步长 $\Delta=145$ 的前提下，采用不同分组大小时，Lena、F-16 及 Boat 图像的平均结构相似性（MSSIM）值。由于嵌入强度的固定，不同图像采用不同分组大小参数嵌入水印后的 PSNR 值近似相等。然而，从表 8-3 中的结果可以观察到，不同图像的 MSSIM 值均随着分组大小的增长而增长，该现象印证了本书之前的分析。分组大小参数 M 值越高，每组系数中包含大幅值系数的概率就越高。大幅值的小波系数由于具有较高的感知容量，能够承受相对较大的水印噪声而不引起视觉失真。因而，在给定的嵌入容量和强度的情况下，使用较大的分组参数有助于提高嵌入水印后图像的感知质量。

表 8-3　SAD-DM 中采用不同分组大小参数 M 嵌入水印后，图像的 MSSIM 值

	$M=5$	$M=15$	$M=25$
Lena	0.9963	0.9982	0.9988
F-16	0.9969	0.9985	0.9993
Boat	0.9972	0.9986	0.9989

　　此外，由于幅值较大的小波系数，通常对应图像中的边缘、纹理等局部显著特征。随着分组大小的增加，SAD-DM 方法修改的小波系数将会自适应地集中在图像中的重要内容区域之中。

　　图 8-14（见彩图）中给出了不同分组大小的情况下，SAD-DM 方法修改的小波系数在图像中的空间分布以及相应的 SSIM 分布图（红色表示最大值 1，蓝色表示最小值 0）。SSIM 数值越低，表示图像在相应区域中的失真越严重。通过观察可以发现以下几点。

　　（1）随着分组大小参数 M 的增大，SAD-DM 方法修改的小波系数逐渐自适应地集中到图像中具有丰富的边缘、纹理等特征的重要内容区域中。背景中容易造成视觉可见失真的平滑区域内，水印方法修改的系数逐渐减少。

　　（2）从 SSIM 分布图中可以观察到，将水印能量分配到图像的重要内容区域中，能够有效减少嵌入水印造成的奇异性失真，降低对宿主图像中结构信息造成的破坏。

　　从以上结果可以得出结论，虽然 SAD-DM 方法的鲁棒性与嵌入水印后的图像质量主要由嵌入强度参数决定，但分组大小 M 仍能够通过上述方式间接地对水印性能产生影响。所以，在满足嵌入容量需求的前提下，应采用尽量高的 M 值，使 SAD-DM 方法具有更高的保真度和鲁棒性。

　　在 SAD-DM 方法中，嵌入水印造成的量化失真与量化步长的大小成正比。我们对于采用不同量化步长嵌入水印后得到的图像质量进行评估，结果如图 8-15 所示。为了使嵌入水印后的图像仍保持较高的视觉质量（ $PSNR \geq 45dB$ ），本章在后续的实验分

析中选择 $\Delta = 145$ 作为水印嵌入的量化步长。图 8-16 给出了在该嵌入强度下，数据库中所有图像在嵌入水印后的 PSNR 值。可以观察到，不同的宿主图像虽然内容特性差异较大，但在选用同一嵌入参数时，嵌入水印后的 PSNR 值较为接近。由此可以说明，SAD-DM 方法对于水印失真能够通过嵌入强度参数进行较好的控制，受宿主图像自身内容的影响较小。

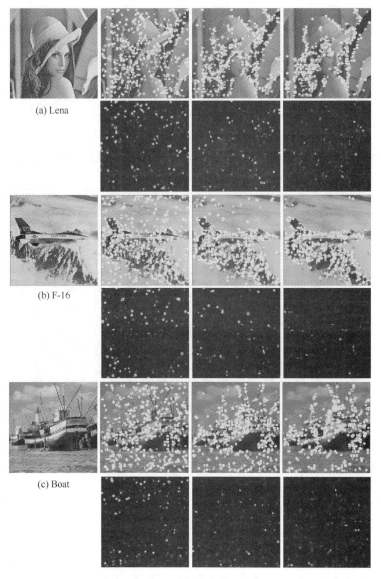

(a) Lena

(b) F-16

(c) Boat

图 8-14　SAD-DM 方法中，不同分组大小情况下，水印的空间分布（奇数行），以及相应的
SSIM 分布图（偶数行）；第 2,3,4 列，水印方法的分组大小分别为 5,15,25（见彩图）

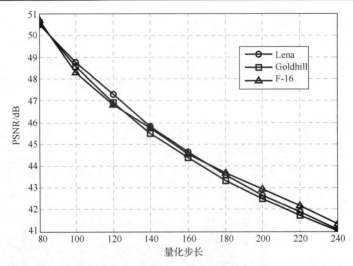

图 8-15　SAD-DM 方法采用不同的量化步长参数，嵌入水印后图像的 PSNR 值

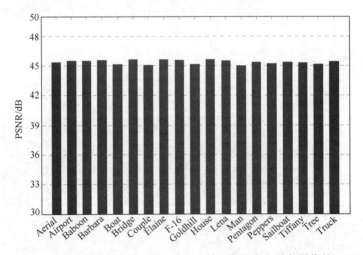

图 8-16　SAD-DM 方法量化步长取 $\varDelta = 145$ 时，嵌入水印后各图像的 PSNR 值

2. 鲁棒性

为了方便与现有的代表性 DWT 数字图像水印方法进行对比，本章选择长度为 512 位，服从均匀分布的随机二值序列作为水印 W。含水印图像遭受不同程度的失真之后，采用归一化相关系数（NC）对提取出的水印信息 $\hat{W}$ 与原始水印信息 W 的相似性进行衡量。在水印嵌入强度相近，遭受攻击程度相同的前提下，提取出的水印与原始水印信息具有较高的相似性，即表明了水印信息遭受破坏的程度较小，水印方法对相应的攻击具有较好的鲁棒性。

本章与基于小波系数量化的代表性方法 WTQ[11]、SDWCQ[8]、MWCQ[9]以及

SD-QIM[14]，对于 JPEG、JPEG2000、随机噪声、裁剪、缩放、滤波等常见的图像处理操作的鲁棒性进行对比。其中，WTQ[11]、SDWCQ[8]、MWCQ[9]方法的结果均摘自原始文献。

表 8-4～表 8-6 中给出了不同方法对于 JPEG 压缩的鲁棒性对比。表格中的每一列表示含水印图像在经过不同质量因子（Quality Factor，QF）的 JPEG 压缩后，重新提取出的水印与原始水印的 NC 值。一般而言，JPEG 压缩的质量因子越低，对水印信息造成的破坏越严重。从结果中可以观察到，SAD-DM 方法在嵌入水印后具有最高 PSNR 的前提下，鲁棒性与其他方法相比（尤其在质量因子较低的情况下）仍具有明显的优势。

表 8-4　不同水印方法的 JPEG 压缩鲁棒性对比（Lena）

QF	10	15	20	25	30	40	50	70	90
WTQ (38.20)	—	—	—	—	0.15	0.23	0.26	0.57	1.00
SDWCQ (44.25)	0.41	0.57	0.68	0.80	0.87	0.95	0.98	1.00	1.00
MWCQ (42.02)	0.34	0.55	0.67	0.74	0.82	0.90	0.96	0.97	0.99
SD-QIM (45.45)	0.44	0.77	0.91	0.95	0.99	1.00	1.00	1.00	1.00
SAD-DM (45.63)	0.63	0.85	0.92	0.95	0.97	0.99	0.99	1.00	1.00

表 8-5　不同水印方法的 JPEG 压缩鲁棒性对比（Goldhill）

QF	10	15	20	25	30	40	50	70	90
WTQ (38.70)	—	—	—	—	0.23	0.57	0.71	0.93	1.00
SDWCQ (45.80)	0.40	0.57	0.73	0.84	0.91	0.93	0.98	1.00	1.00
MWCQ (42.58)	0.30	0.58	0.69	0.77	0.81	0.88	0.90	0.96	0.98
SD-QIM (45.31)	0.45	0.76	0.87	0.97	0.99	1.00	1.00	1.00	1.00
SAD-DM (45.40)	0.59	0.84	0.91	0.95	1.00	1.00	1.00	1.00	1.00

表 8-6　不同水印方法的 JPEG 压缩鲁棒性对比（Peppers）

QF	10	15	20	25	30	40	50	70	90
WTQ (39.80)	—	—	—	—	0.34	0.54	0.70	0.97	1.00
SDWCQ (43.20)	0.46	0.57	0.71	0.80	0.87	0.94	0.97	1.00	1.00
MWCQ (42.53)	0.35	0.53	0.72	0.81	0.86	0.93	0.96	0.97	0.99
SD-QIM (45.33)	0.43	0.73	0.92	0.98	0.98	0.99	1.00	1.00	1.00
SAD-DM (45.39)	0.52	0.80	0.95	0.94	0.94	0.95	0.98	0.99	1.00

另一个值得注意的问题是，虽然本章所提出 SD-QIM 与 SAD-DM 均为离散小波域的水印方法，但能够对基于离散余弦变换的 JPEG 压缩方法具有较高的鲁棒性，印证了本章之前提出的观点：将水印能量分布到图像重要内容中有助于提高鲁棒性。大

多数图像处理操作（如有损压缩、图像滤波等），对图像的重要内容影响较小，嵌入在其中的水印信息将会得到较好的保留。

然而，在 SAD-DM 方法中，虽然抖动向量的引入提高了水印方法的安全性，并且有助于改善嵌入水印后的图像质量，但是轻微的随机抖动却在水印提取过程中造成了一定程度的干扰。在 JPEG 压缩质量因子较高（攻击强度较低）的情况下，SAD-DM 会比较早地出现轻微的失真（NC=0.99）。

表 8-7～表 8-9 中给出了 SAD-DM 与 WTQ、SD-QIM 方法对于 JPEG2000 压缩的鲁棒性比较。为了便于与 WTQ 方法的比较，本章采用比特每像素（BPP）作为 JPEG2000 压缩率的衡量标准。例如，原始图像中的每个像素采用 8 位二进制数据表示，若压缩后平均每个像素使用 1/4 位表示（BPP=0.25），则相应的压缩率为 1/32。可以观察到，SAD-DM 相比 WTQ 及 SD-QIM 方法，对于 JPEG2000 压缩具有更好的鲁棒性。在压缩率较高的情况下，SAD-DM 方法的优势更为明显。

表 8-7　不同水印方法对于 JPEG2000 压缩的鲁棒性对比（Lena）

BPP	0.1	0.125	0.15	0.2	0.25	0.3	0.4	0.5	0.6	0.7
WTQ (38.20)	—	—	—	—	—	0.21	0.41	0.85	0.83	0.85
SD-QIM (45.45)	0.40	0.51	0.54	0.70	0.98	0.99	1.00	1.00	1.00	1.00
SAD-DM (45.63)	0.66	0.70	0.72	0.86	0.95	0.96	0.97	1.00	1.00	1.00

表 8-8　不同水印方法对于 JPEG2000 压缩的鲁棒性对比（Goldhill）

BPP	0.1	0.125	0.15	0.2	0.25	0.3	0.4	0.5	0.6	0.7
WTQ (38.70)	—	—	—	—	—	0.36	0.66	0.65	0.71	0.85
SD-QIM (45.31)	0.38	0.55	0.60	0.64	0.71	0.99	0.99	0.99	1.00	1.00
SAD-DM (45.40)	0.66	0.75	0.75	0.84	0.84	0.94	0.95	0.96	0.96	0.99

表 8-9　不同水印方法对于 JPEG2000 压缩的鲁棒性对比（Peppers）

BPP	0.1	0.125	0.15	0.2	0.25	0.3	0.4	0.5	0.6	0.7
WTQ (39.80)	—	—	—	—	—	−0.06	0.02	0.23	0.27	0.35
SD-QIM (45.33)	0.21	0.53	0.59	0.59	0.95	0.97	0.99	1.00	1.00	1.00
SAD-DM (45.39)	0.41	0.71	0.72	0.87	0.95	0.96	0.94	0.98	0.98	0.98

表 8-10～表 8-12 中对比了 SAD-DM 与其他水印方法，对于图像存储和传输过程中可能造成水印失真的其他常规处理操作的鲁棒性。对于缩放攻击，含水印图像被降采样到原尺寸的 50%后，重新放大至原始分辨率进行水印提取。裁剪攻击则是将图像左上角 25%的矩形区域中像素值填充为零实现。旋转攻击前后通过裁剪操作丢弃超出原图范围的像素，图像并未发生尺度变化。

表 8-10　不同水印方法对于其他操作的鲁棒性对比（Lena）

攻击类型	中值滤波		缩放	裁剪	旋转		锐化	高斯平滑
	3×3	5×5	50%	25%	−0.25°	0.25°		
WTQ (38.20)	0.56	—	—	—	0.38	0.33	0.39	0.56
SDWCQ (44.25)	0.90	0.73	0.77	0.68	0.57	0.55	0.96	0.91
MWCQ (42.02)	0.85	0.66	0.84	0.65	0.51	0.54	0.95	0.93
SD-QIM (45.45)	0.89	0.39	0.98	0.83	0.32	0.36	0.33	1.00
SAD-DM (45.63)	0.90	0.46	0.94	0.82	0.46	0.44	0.54	0.99

表 8-11　不同水印方法对于其他操作的鲁棒性对比（Goldhill）

攻击类型	中值滤波		缩放	裁剪	旋转		锐化	高斯平滑
	3×3	5×5	50%	25%	−0.25°	0.25°		
WTQ (38.70)	0.56	—	—	—	0.38	0.33	0.39	0.56
SDWCQ (45.80)	0.90	0.73	0.77	0.68	0.57	0.55	0.96	0.91
MWCQ (42.58)	0.85	0.66	0.84	0.65	0.51	0.54	0.95	0.93
SD-QIM (45.31)	0.89	0.39	0.98	0.83	0.32	0.36	0.33	1.00
SAD-DM (45.40)	0.90	0.46	0.94	0.82	0.46	0.44	0.54	0.99

表 8-12　不同水印方法对于其他操作的鲁棒性对比（Peppers）

攻击类型	中值滤波		缩放	裁剪	旋转		锐化	高斯平滑
	3×3	5×5	50%	25%	−0.25°	0.25°		
WTQ (39.80)	0.71	—	—	—	0.39	0.41	0.62	0.74
SDWCQ (43.20)	0.84	0.72	0.87	0.72	0.59	0.64	0.96	0.92
MWCQ (42.53)	0.92	0.75	0.88	0.64	0.61	0.65	0.96	0.92
SD-QIM (45.33)	0.92	0.54	0.94	0.80	0.25	0.26	0.23	1.00
SAD-DM (45.39)	0.92	0.62	0.95	0.76	0.37	0.36	0.46	0.98

从结果可以观察到，SAD-DM 方法在尺度较小的中值滤波、缩放以及高斯平滑攻击下表现出较高的鲁棒性。但是对于图像锐化操作的鲁棒性则与基于小波系数调幅的 SDWCQ 以及 MWCQ 方法相比具有较大差距，主要原因是锐化操作的一个主要作用是增强边缘，而图像的边缘位置通常集中了较多的大幅值小波系数，很可能被 SAD-DM 方法选作水印嵌入的候选点，对于相应系数的修改将会对 SAD-DM 水印造成较为严重的破坏。

最后，我们在 USC-SIPI 图像数据库上，与基于非张量小波变换的 SD-DNWT 方法[15]在 JPEG 压缩与加性高斯白噪声（AWGN）的鲁棒性方面进行对比。SD-DNWT 方法提出了一种全新的非张量小波变换（Non-tensor Based Wavelet Transform，DNWT），并将 SDWCQ 的系数修改方法引入至该变换域实现水印嵌入。该方法相比于传统的 DWT 水印方法，主要贡献与优点在于提出了一种新型的小波变换，You 等[15]称该非张量小波变换（DNWT）能够更好地表达图像的局部特征，且经过该变换后能产生更多的适合嵌入水印的大幅值系数。

通过观察图 8-17 和图 8-18 中的结果可以发现，SD-QIM 与 SD-DNWT 相比具有较明显的鲁棒性优势。由此可以说明，在水印嵌入均是基于显著差异特征（SD）的前提下，采取较好的系数修改策略（QIM）比采用优越的小波变换方法（DNWT）更为重要。

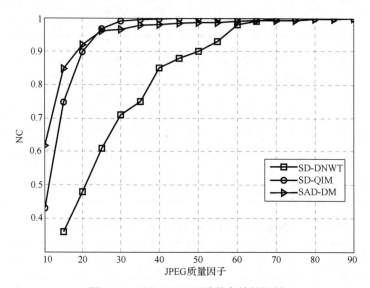

图 8-17　对于 JPEG 压缩的鲁棒性比较

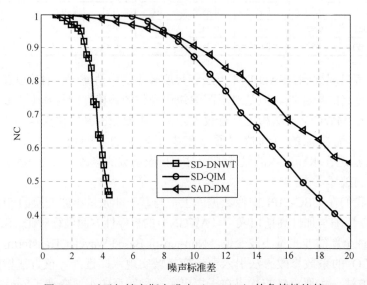

图 8-18　对于加性高斯白噪声（AWGN）的鲁棒性比较

此外，通过比较 SAD-DM 与 SD-QIM 方法，可以得出以下结论。

（1）在压缩及高斯噪声造成的失真逐渐增加的情况，由于引入随机抖动为水印提取造成了一定程度的干扰，SAD-DM 比 SD-QIM 更早地出现了水印轻微失真的现象。与前面采用单幅图像进行鲁棒性测试的结果（表 8-12）相契合。

（2）在 JPEG 质量因子较低（QF<20），高斯噪声的标准差较高的情况下，SAD-DM 与 SD-QIM 相比具有较为明显的鲁棒性优势。主要原因是，相比于 SD 特征，SAD 特征能够更有效地发掘具有较大幅值的小波系数，而这些代表图像主要内容的大幅值系数，在图像遭受严重失真的情况下仍能够得到较好的保留。

8.5　本　章　小　结

本章首先结合指纹图像纹理丰富，离散小波变换域中局部奇异值较多的特点，提出了一种基于小波系数显著差异值量化的指纹图像水印方法 SD-QIM。在保证嵌入水印后，指纹判别特征遭受较少影响的前提下，提高了嵌入容量和鲁棒性，为在指纹图像中嵌入生物特征模板建立了基础。

之后，在 SD-QIM 的基础之上，对于显著差异值特征以及均匀量化索引调制方法分别进行改进，使其能够适用于一般的自然图像。在实验中，针对方法对于 JPEG、JPEG2000 压缩、平滑滤波等典型图像处理操作的鲁棒性以及嵌入水印后的图像视觉质量等性能，与离散小波变换域的代表性水印方法进行对比，证明了提出方法的优越性。

参 考 文 献

[1] Cappelli R, Erol A, Maio D, et al. Synthetic fingerprint-image generation[C]. International Conference on Pattern Recognition, 2000: 471-474.

[2] Cox I J, Kilian J, Leighton F T, et al. Secure spread spectrum watermarking for multimedia[J]. IEEE Transactions on Image Processing, 1997, 6(12): 1673-1687.

[3] Chen B, Wornell G W. Quantization index modulation: a class of provably good methods for digital watermarking and information embedding[J]. IEEE Transactions on Information Theory, 2001, 47(4): 1423-1443.

[4] Jain A K, Uludag U. Hiding biometric data[J]. IEEE Transactions on Pattern Analysis and Machine Intelligence, 2003, 25(11): 1494-1498.

[5] Gunsel B, Uludag U, Murat T A. Robust watermarking of fingerprint images[J]. Pattern Recognition, 2002, 35(12): 2739-2747.

[6] Bradley J N, Brislawn C M, Hopper T. FBI wavelet/scalar quantization standard for gray-scale fingerprint image compression[C]. Optical Engineering and Photonics in Aerospace Sensing, 1993: 293-304.

[7] Hopper T, Brislawn C, Bradley J. WSQ gray-scale fingerprint image compression specification[J]. Federal Bureau of Investigation Tech Rep IAFIS-IC-0110-V2 (Criminal Justice Information Services, Washington, DC, 1993.

[8] Lin W H, Horng S J, Kao T W, et al. An efficient watermarking method based on significant difference of wavelet coefficient quantization[J]. IEEE Transactions on Multimedia, 2008, 10(5): 746-757.

[9] Lin W, Wang Y, Horng S, et al. A blind watermarking method using maximum wavelet coefficient quantization[J]. Expert Systems with Applications, 2009, 36(9): 11509-11516.

[10] Ma B, Wang Y, Li C, et al. A robust watermarking scheme based on dual quantization of wavelet significant difference[C]. Advances in Multimedia Information Processing (PCM), 2012: 306-314.

[11] Wang S, Lin Y. Wavelet tree quantization for copyright protection watermarking[J]. IEEE Transactions on Image Processing, 2004, 13(2): 154-165.

[12] Chen B, Wornell G W. Dither modulation: a new approach to digital watermarking and information embedding[C]. Electronic Imaging'99, 1999: 342-353.

[13] Li Q, Cox I J. Using perceptual models to improve fidelity and provide resistance to valumetric scaling for quantization index modulation watermarking[J]. IEEE Transactions on Information Forensics and Security, 2007, 2(2): 127-139.

[14] Ma B, Li C, Wang Y, et al. Enhancing biometric security with wavelet quantization watermarking based two-stage multimodal authentication[C]. International Conference on Pattern Recognition (ICPR), 2012.

[15] You X, Du L, Cheung Y, et al. A blind watermarking scheme using new nontensor product wavelet filter banks[J]. IEEE Transactions on Image Processing, 2010, 19(12): 3271-3284.

第 9 章　生物特征互嵌入在身份识别中的应用

本章在之前提出的生物特征水印算法的基础上，提出了一种基于生物特征互嵌入的多模态生物特征认证框架，并将其应用于身份识别系统。在传统的生物特征认证之前，添加生物特征数据有效性认证，有效抵抗欺骗攻击，提高系统的安全性。之后，在保证数据有效性的前提下，使用水印生物特征与宿主生物特征进行融合识别，提高认证精度。

9.1　基于人脸检测的水印有效性认证

根据检测器工作过程中，是否需要使用原始的水印模板，通常可以将水印检测问题分为以下两类。

（1）非盲检测。对于给定的水印模板，检验待测图像中是否包含该水印。

（2）盲检测。在待检测的水印模板未知的情况下，判断待测图像是否包含水印。

对于传统的数字水印系统，水印信号通常是一些伪随机生成的二值序列，如 PIN、Hash 序列、二值的 Logo 图像等。为了进行水印检测，水印检测器通常需要将提取出的信息与水印数据库中的所有水印模板进行比对，来判断一幅图像是否包含某个水印信号。由于实际应用中的数据通常会包含噪声，所以即便是从合法数据中提取出的水印，也很可能与原始的水印模板存在差别。一般的做法是定义一个相似性度量函数 $\mathrm{sim}(w, \hat{w})$ 对提取出的模式 $\hat{w}$ 与原始水印 w 之间的相似性进行评价[1]。若二者的相似度超过设定的阈值，即 $\mathrm{sim}(w, \hat{w}) > T$，则认为提取出的水印与数据库中的水印模板相匹配。

在生物特征水印的框架下，水印具有共同特性，可以采用模式判别方法进行水印检测。这种情况下，本章提出将判断"图像中是否包含某个水印模板"的水印检测问题转化为判断提取出的信息"是否为有效的生物特征模式"的模式分类问题，从而在不知道待检测图像可能包含哪个具体水印模板的情况下实现盲检测。

9.1.1　模板匹配方法

基于平均脸模板匹配的方法具有简单、直观的特点，是人脸检测中常用的粗略检测方法。所谓平均脸模板，即数据库中所有（或一部分）人脸图像的均值，能够反映出数据库中人脸模式的一般外观。

在盲检测场景中，提取出的待认证水印样本 w 与数据库中用户身份 s 的对应关系未知。传统的水印检测方法，通常需要通过穷举策略计算水印 w 与数据库中所有用户水印模板的相关性，根据最大相关性是否超过设定的检测阈值来决定 w 的有效性。在本章提出的场景中，合法的水印均具有人脸模式的一般特征，可以通过 w 与平均脸模板 t 的归一化相关系数来衡量其有效性，即

$$\rho(w,t) = \frac{(w-\overline{w})\cdot(t-\overline{t})}{\|w-\overline{w}\|\cdot\|t-\overline{t}\|} \tag{9-1}$$

式中，$\overline{w}$ 与 $\overline{t}$ 分别为 w 与 t 的均值。

在水印的非盲检测场景中，即检测图像是否包含特定用户的人脸水印的情况下，可以使用数据库中该用户的人脸模板 s 替代平均脸模板 t 与提取出的模式进行相关性计算。通常情况下，由于用户自身的人脸模板之间具有较高的相似性，该方法能够取得更为可靠的检测性能。

图 9-1 给出了一个基于人脸水印验证的指纹图像有效性判别示例。图中的指纹匹配分数，由目前公认的指纹识别性能最好的商业软件之一 Verifinger 计算得出。可以观察到，若采用传统的做法，对输入图像的有效性不加以鉴别就直接提取判别特征与数据库中的注册指纹模板进行匹配，则生物特征识别系统会被伪造的指纹图像轻易绕过。在图 9-1 的示例中，伪造的指纹图像甚至得到了比合法数据更高的匹配分数。然而，在引入人脸水印进行数据有效性判别之后，可以通过提取出的"水印模板"的无效性（与平均脸模板之间的相似性较低，$\rho = 0.04$）对非法数据进行认证，从而提高了系统的安全性。图 9-1 中的人脸水印尺寸为 8×8 的 8 位灰度图像，模板的大小为 512 位，采用第 8 章中提出的 SD-QIM 方法嵌入指纹图像。

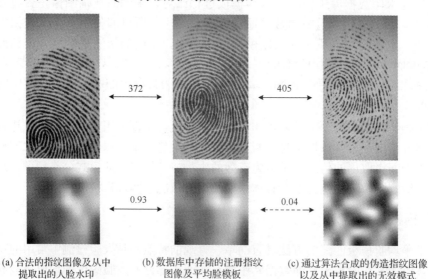

(a) 合法的指纹图像及从中　　　(b) 数据库中存储的注册指纹　　(c) 通过算法合成的伪造指纹图像
　　提取出的人脸水印　　　　　　图像及平均脸模板　　　　　以及从中提取出的无效模式

图 9-1　基于人脸水印的指纹图像有效性认证示例

9.1.2　SVM 判别方法

　　基于平均脸模板匹配的方法具有简单直观的特点，但却只能实现粗略检测。若数据库中不同用户的人脸图像之间具有较大的外观差异，则每位个体的人脸图像与平均脸模板的相似性均难以达到较高的数值。

　　在人脸检测领域中，已有方法通过提取具有冗余性的高维度特征（如 Haar 特征[2]），采用判别能力较强的分类器（如 Adaboost、SVM）等方式，实现低分辨（10×8）人脸检测[3]，并且由于人脸水印中并不存在人脸的位置、姿态、尺度等变化，人脸水印认证与人脸检测问题相比，能够得到简化。所以，采用模式分类的方法对与人脸水印和无效模式进行判别具备可行性。

　　从图 9-2 中所展示的示例也可以观察到，有效的人脸水印与无效的随机模式具有一定的视觉差异。此外，由于包含人脸整体特征的低分辨水印与呈现随机分布的无效模式具有不同的统计特性，在图像分辨率较低的情况下，采用统计学习方法训练的分类器比人类视觉更适合对人脸水印与无效模式进行判别。因而，本书选择判别能力更强的分类器处理"提取出的水印是否为有效人脸水印模式的二分类问题"。

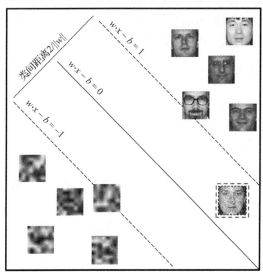

图 9-2　基于 SVM 的人脸水印有效性判别示意图

　　由于具有完备的统计学习理论支持，以及较强的泛化推广能力，SVM 已经受到越来越多的重视，并在模式识别相关领域取得了较好的效果[4]。本章选择 SVM 作为判别人脸有效性的分类器，图 9-2 给出了基于 SVM 的人脸水印有效性判别示意图。$H = w \cdot x - b = 0$ 为正确地将两类样本分开的分界面；其中，x 为分界面上的点，w 则为垂直于分界面的向量。H_0 和 H_1 分别为通过两类样本中距离分界面 H 最近的点，且平行于分界面的超平面：$H_0 = w \cdot x - b = -1$，$H_1 = w \cdot x - b = 1$。

H_0 和 H_1 之间的距离 $2/\|w\|$，即为分类间隔，从而可以将 SVM 的最大分类间隔优化原则定义为：在极小化 $\|w\|/2$ 的同时使得训练样本点都在超平面的间隔区以外，即

$$\min_w \left\{ \frac{1}{2}\|w\|^2 \right\}$$

$$\text{s.t.} \quad c_i(w \cdot x_i - b) \geqslant 1$$

（9-2）

由于实际问题通常是线性不可分的，可以通过引入松弛变量 ξ 的方法推广最优超平面的概念。如果可以完全正确区分正负样本的超平面不存在，则选择一个超平面尽可能清晰地区分样本，在增大间距和缩小错误惩罚两大目标之间进行权衡优化：

$$\min_{w,\xi} \left\{ \frac{1}{2}\|w\|^2 + C\sum_{i=1}^{n} \xi_i \right\}$$

$$\text{s.t.} \quad c_i(w \cdot x_i - b) \geqslant 1 - \xi_i$$

（9-3）

更一般的方法是使用核函数 $\phi(\cdot)$ 将输入样本 x 映射至高维空间进行分类。由于本章工作的主要目的是验证采用模式分类方法对水印有效性进行区分的可行性。因而，在以下实验中，仅采用 LIBSVM[5] 工具箱的默认配置。在分类过程中，对于一个待测样本，SVM 分类器将输出该样本的预测类标以及相应的决策值。为了便于分析，本章直接采用该决策值作为人脸水印的有效性度量。

9.1.3　实验结果与分析

选取人脸识别领域公认的 FRGC v2 以及 FERET 数据库中的人脸图像进行水印有效性判别实验。所有用户的人脸图像被划分为两部分。

（1）目标集（gallery set）：存储在数据库中的注册人脸图像，从中生成用于水印检测的平均脸模板。

（2）查询集（probe set）：被降采样至 8×8 的低分辨率，并嵌入在待测指纹图像中用于数据有效性验证的人脸水印。

通过从不包含水印的指纹图像中提取 512 位的 0-1 序列，生成相同数量的无效模式与人脸水印进行对比。

1）基于模板匹配的水印有效性认证

图 9-3 中给出了针对 FRGC 数据库，采用模板匹配方法计算出的人脸水印与无效模式的归一化相关系数的概率密度分布。可以观察到，两者的分布具有较好的可区分性。若是在非盲水印检测场景中，则可以进一步使用数据库中特定用户的人脸模板（即图 9-3 中的"用户相关模板"）替代平均脸模板与提取出的模式进行水印有效性计算，与无效模式进行更好的区分。

由于实际应用中，提取出的水印信息可能遭受失真，本章对包含噪声的人脸水印模板（BER=5%）与无效模式的可分性进行测试。从图 9-4 中的结果可以观察到，包

含噪声的人脸水印模板与平均脸模板的归一化相关系数有所降低，与无效模式的可分性出现了明显的下降。

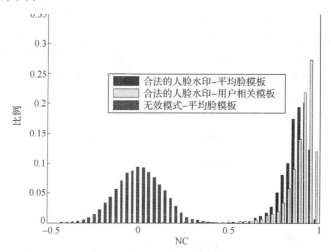

图 9-3　基于模板匹配的人脸水印验证方法（FRGC，110 位个体）

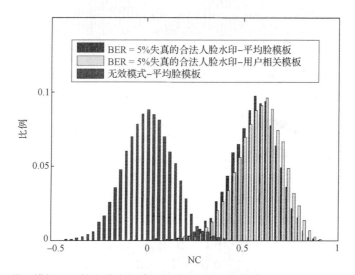

图 9-4　基于模板匹配的人脸水印验证方法，BER=5%失真（FRGC，110 位个体）

　　为了进一步验证相关结论，在 FERET[6]进行相同的实验。FERET 数据库中共有1196 位不同个体的人脸图像，内容涵盖了更多的面部特征变化：种族、年龄、装饰物等。在本实验中，FERET 数据库的"training"子集被用于目标集，其中共包含约 1100 位个体的人脸图像（每人 1 幅）。FERET 数据库中的"fa, fb, fc, duplicateI, duplicateII"子集合被合并为测试集，共约 3300 幅人脸图像。

　　从图 9-5 中的结果可以观察到，与 FRGC 数据库上得到的结果相比，有效水印模式与平均脸模板的相关性出现了大幅下降。然而，若采用"用户相关模板"，则有效人脸水印仍能够得到较好的区分。由此可以说明，基于模板匹配的人脸水印检测方案的性能，受到平均脸模板与测试样本的相似度的限制。随着数据库中样本数量的增加，判别性能不足的弊端逐渐暴露。此外，相关值的计算是逐像素进行的，且人脸水印的尺寸较小，导致该方法对于噪声较为敏感，当人脸水印模板遭受一定程度的失真时（图 9-6），即便采用"用户相关模板"进行相关性计算仍会产生较高的错误率。

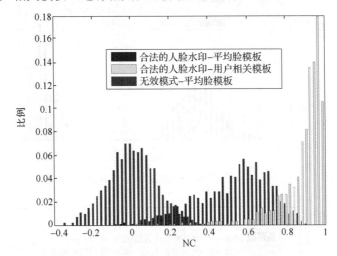

图 9-5　基于模板匹配的人脸水印验证方法，无失真（FERET，1196 位个体）

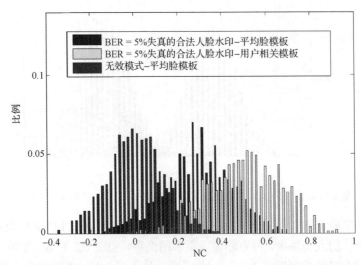

图 9-6　基于模板匹配的人脸水印验证方法，BER=5%失真（FERET，1196 位个体）

2）基于 SVM 的水印有效性认证

基于模板匹配的人脸水印检测方案的性能，受到平均脸模板与测试样本的相似度的限制。随着数据库中样本数量的增加，判别性能不足的弊端会逐渐暴露。由于基于模板匹配的粗略认证方法，已经能够在个体数较少的 FRGC 子集上取得较好的分类结果，本实验仅对于 FERET 数据库进行基于 SVM 的水印有效性分析。

目标集与测试集的划分方式与基于模板匹配的水印有效性认证实验中相同。目标集中人脸图像（分辨率为 8×8）以及相同数量的无效模式分别被用于训练 SVM 的正、负样本。测试集中的人脸水印以及相同数量的无效模式，则用于测试 SVM 的分类性能。图 9-7给出了 SVM 对于不同水印模式的决策值的分布。其中，决策值大于零的样本被判定为有效水印，小于零的样本被判定为无效模式。最终，通过如下方式计算出分类准确率：

（正确拒绝的无效模式+正确接受的有效水印）/ 待测样本总数

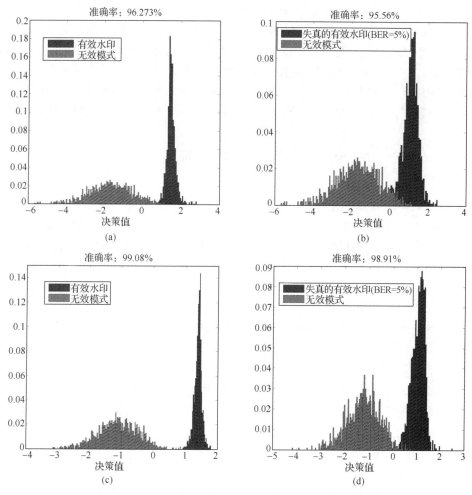

图 9-7　SVM 分类器对于人脸水印，无效模式的决策值分布
(a)、(b)中分别给出了无失真和 BER=5%的人脸水印与无效模式的可区分性。(c)、(d)分别为在训练过程中引入失真补偿策略后，无失真和 BER=5%的人脸水印与无效模式的决策值

通过观察与分析可以发现：图 9-7(a)所示结果与基于模板匹配的方法（图 9-6）相比，人脸水印与无效模式得到了更好的区分，由此可以证明引入 SVM 分类器能够有效提高水印有效性验证的准确率。图 9-7(b)给出了在人脸水印出现 BER=5%失真的情况下的分类结果。尽管在人脸水印出现失真后，SVM 分类器对于有效水印的决策值出现了普遍下降，但识别的准确率却仅下降约 0.5%，说明基于 SVM 的水印分类方法，对于噪声具有一定鲁棒性。

另一个值得注意的现象是，错误识别的情况多数是由于对无效模式的错误接受造成的。为了对其进行改进，本章将训练数据中 10%的合法人脸水印替换为包含轻微噪声的人脸水印（BER=5%），通过在训练的正样本中预先引入失真的策略，让 SVM 分类器学习到无效模式与出现轻微失真的有效水印之间的区别。

图 9-7(c)给出了使用该策略之后 SVM 对于有效水印和无效模式的分类结果，可以观察到两类模式的决策值分布相比图 9-7(a)中的结果具有更好的可分性。分类的准确率达到 99.08%，对于有效水印的正确接受率达到了 100%。图 9-7(d)给出了采用包含失真的人脸水印进行 SVM 训练后，对于 BER=5%失真人脸水印与无效模式的分类结果。通过观察可以发现，与图 9-7(b)中结果相比，两类模式的可分性得到了明显的提升。

9.2　多模态生物特征融合

在确认数据的有效性之后，作为水印的生物特征数据可进一步作为辅助信息，提高生物特征系统的认证精度。虽然人脸图像在生成水印的降采样过程中丢失了局部的细节特征，但人脸的整体特征却能够得到保留，利用该信息仍然能够对人脸外观差异较大的个体进行有效区分。同时，有研究表明人类的认知系统对于人脸识别问题的处理也是一个基于整体特征的分析过程[7]。所以，低分辨率的人脸水印在自动识别与人工验证场景中均具有一定的应用价值。

图 9-8 给出了全局特征在人脸识别中的有效性示例。其中(a)，(b)，(c)为 FERET 数据库中的 3 位不同个体，从左至右的 5 列图像分别为原始人脸图像以及降采样值原始分辨率 $\{2^{-1}, 2^{-2}, 2^{-3}, 2^{-4}\}$ 的人脸图像。最右列虚线框中的人脸图像分辨率为 10×8，样本之间的相异性度量为 PCA 方法中人脸特征向量之间的归一化距离（特征差异最大的两个样本之间的距离为 1）。从图 9-8 中的结果可以观察到，虽然人脸图像的局部细节特征在降采样的过程中逐渐丢失，导致在低分辨率下难以对外表差异较小的个体(a)和(b)进行有效区分。但是，由于低分辨率人脸图像中仍保留肤色、脸型等整体特征，可以根据这些特征对外表差异较大的(b)和(c)进行区分。

对于指纹、虹膜识别等较为成熟的生物特征识别技术，本身已经达到较高识别精度，难以通过设计更好的特征提取及匹配算法实现进一步的改进。因而，在一些多生物特征应用场景中，研究者尝试采用身高、性别等弱生物特征（soft biometrics）[8-10]

对其进行辅助,通过多模态生物特征融合策略成功地提高了系统的识别精度。本章指出在这种情况下,采用人脸水印作为辅助特征,能够比弱生物特征提供更加丰富可靠的身份信息。

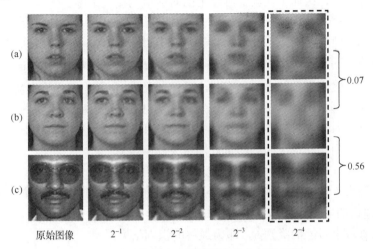

图 9-8 全局特征在人脸识别中的有效性示例

9.2.1 基于稀疏表示的低分辨人脸识别

由于人脸水印的分辨率极低,传统的人脸识别方法很难有效地对其中的身份信息进行利用。基于稀疏重构的人脸识别算法为特征可分性较差情况下的人脸水印的识别问题提供了有效的解决方案。

所谓稀疏重构可定义为如下问题:对于一个 m 维的观测向量 y 以及矩阵 $A \in \mathbf{R}^{m \times n}(m << n)$,求解满足 $y = Ax$ 的高维向量 $x \in \mathbf{R}^n$。显然,该问题的解并不唯一。但是近年来压缩感知的理论研究证明[11],如果向量 x 是 k-稀疏的(仅有 k 个维度是非零的),并且词典 A 满足特定的约束条件,则在 $m \geqslant Ck\log_2(n/k)$ 的前提下,稀疏向量 x 能够以较高的概率,通过求解如下优化问题进行重构:

$$\min \|x\|_1 \quad \text{s.t.} \quad y = Ax \tag{9-4}$$

由于实际应用中观测到的数据通常包含噪声,可以将问题重新描述为: $y = Ax + z$,其中 z 代表噪声,且 $\|z\|_2 < \varepsilon$。从而将式(9-4)转换为如下二阶锥规划问题(Second Order Cone Programing,SOCP)进行求解:

$$\min \|x\|_1 \quad \text{s.t.} \quad \|Ax - y\|_2 < \varepsilon \tag{9-5}$$

基于上述理论,Wright 等提出了一种基于稀疏表示的人脸识别方法[12],将测试样本看成训练样本的线性叠加组合,所有 k 类的训练样本 v_{k,n_k} 串联起来构成词典矩阵 A,其中 n_k 为第 k 类的训练样本的个数:

$$A = [A_1, A_2, \cdots, A_k] = [v_{1,1}, v_{1,2}, \cdots, v_{1,n_1}, v_{2,1}, v_{2,2}, \cdots, v_{2,n_2}, \cdots, v_{k,n_k}]$$

对于第 i 类的一个测试样本 y，主要通过第 i 类的所有训练样本 $[v_{i,1}, v_{i,2}, \cdots, v_{i,n_i}]$ 的线性组合进行表示，因而 x 在其他维度上的对应值均接近于零。

设 $\delta_i(x)$ 表示一个向量，在对应第 i 类的维度上与 x 相同，其他维度上均为零。残差 $R_i = \|A\delta_i(x) - y\|$，表示仅采用词典中第 i 类的训练样本对 y 进行重构而造成的误差。事实上，残差 R_i 可以看成测试样本 y 与词典中第 i 类样本的相异性（dissimilarity）度量。在闭集的人脸识别系统中，具有最小残差的类别 i，即为用户的真实身份。

综上所述，基于稀疏表示的人脸识别算法（SRC）可以概括为以下步骤。

输入：包含训练人脸样本的矩阵 A，$A = [A_1, A_2, \cdots, A_k] \in \mathbf{R}^{m \times n}$，其中 $A_i, 1 \leqslant i \leqslant k$ 为每幅人脸图像按列展开形成的列向量，测试人脸图像 y。

（1）对矩阵 A 按列进行归一化，使每一列具有单位长度的 ℓ_2 范数。

（2）求解式（9-5）中的 ℓ_1 范数极小化问题，重构系数向量 $\hat{x}$。本章在实验中采用了文献[13]建议的同伦（homotopy）优化方法。

（3）具有最小残差的类别 $\hat{i}$，即为最终的识别结果：

$$\hat{i} = \arg\min_i \|A\delta_i(\hat{x}) - y\|$$

输出：测试样本 y 的类别 $\hat{i}$ 及残差 R_i。

9.2.2 多模态生物特征认证

从合法数据中提取出的人脸水印能够作为额外的身份信息，辅助生物特征识别系统。通过与宿主指纹生物特征进行融合识别，提高系统的身份认证精度。人脸与指纹的匹配分数分别采用最大最小值方法归一化至[0,1]的区间。

对于 M 个训练样本和 N 个测试样本的相似性矩阵 S，S_{ij} 表示第 i 个训练样本与第 j 个测试样本之间的匹配分数。

$$S'_{ij} = \frac{S_{ij} - \min(S_{\cdot j})}{\max(S_{\cdot j}) - \min(S_{\cdot j})} \tag{9-6}$$

式中，$S_{\cdot j}$ 表示 S 的第 j 列元素；$\min(\cdot)$ 和 $\max(\cdot)$ 分别计算向量中最小、最大的元素值。由于本章所采用的人脸识别方法中，采用的是相异性度量（如 PCA 方法的归一化距离、SRC 方法的归一化残差）。所以，人脸识别的相异性度量矩阵 S' 在归一化后要被赋值为 $1 - S'$，转化为相似性度量才能与指纹的匹配分数进行融合。

本章采用分数层融合策略，实现指纹图像与人脸水印相结合的多模态生物特征识别。设 S'_{fa} 和 S'_{fp} 分别为归一化后的人脸和指纹的匹配分数，κ_{fa} 和 κ_{fp} 为人脸和指纹匹配分数在融合过程中所占的权重，融合后的多生物特征相似度分数 S_{fu} 可表示为

$$S_{\text{fu}} = \kappa_{\text{fa}} S'_{\text{fa}} + \kappa_{\text{fp}} S'_{\text{fp}} \tag{9-7}$$

最简单的融合策略是令 $\kappa_{\text{fa}} = \kappa_{\text{fp}} = 0.5$，即取指纹和人脸匹配分数的平均值。然而，由于宿主指纹特征与人脸水印生物特征的判别能力具有较大的整体和个体差异，所以在进行分数加权融合的计算过程中，可以通过对不同模态、不同样本进行动态加权的方式提高多生物特征的融合识别性能[14]。此时，每个测试样本的权值 κ_j，可以通过如下方法进行计算：

$$\kappa_j = \frac{\text{mean}(S'_{\cdot j}) - \text{min}(S'_{\cdot j})}{\text{mean}(S'_{\cdot j}) - \text{min}_2(S'_{\cdot j})} \tag{9-8}$$

式中，$S'_{\cdot j}$ 代表 S'_{fa} 或 S'_{fp} 的第 j 列，即第 j 个测试样本与所有训练样本的相似性得分；$\text{mean}(\cdot)$、$\text{min}(\cdot)$ 和 $\text{min}_2(\cdot)$ 函数分别计算向量的均值、最小值和次小值。

9.2.3　实验结果与分析

在与宿主指纹图像进行融合识别之前，首先对单独采用低分辨率人脸水印进行身份识别的性能进行评估。采用 FERET 数据库中的目标集进行训练，fb 作为测试集，共包含 1196 个个体。

为了测试在降采样过程中，人脸图像识别性能的损失。本章将原始的归一化至 72×60 的人脸图像分别以 $2^k, k = \{1,2,3,4\}$ 为因子进行降采样，并使用 PCA 和 SRC 方法进行识别。通过分析图 9-9 和图 9-10 中的识别率曲线，可以得出以下结论。

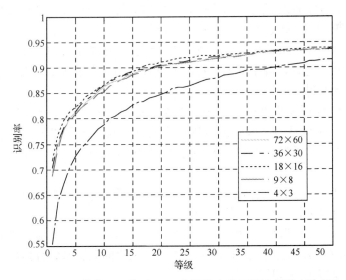

图 9-9　不同分辨率下，基于 PCA 方法的人脸识别性能的变化趋势

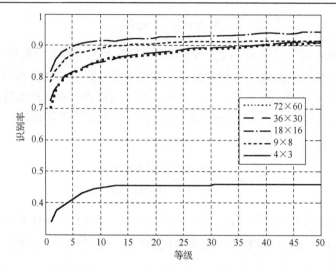

图9-10　不同分辨率下，基于SRC方法的人脸识别性能的变化趋势

（1）PCA方法具有强健的鲁棒性，在人脸图像尺寸降低到9×8的情况下，几乎与原始的高分辨率图像识别性能相近。同时，这一结果也能够说明，人脸的全局特征在低分辨率下，仍然得到了较好的保留。即便是在4×3的极低分辨率人脸图像中，仍有部分全局信息得以保留（如面部轮廓、肤色等）。

（2）在使用相同分辨率的人脸图像进行识别的情况下，SRC的性能要优于PCA，主要得益于基于稀疏表示及ℓ_1范数优化的识别策略。Zhang等也在文献[15]中指出SRC采用所有训练样本构造过完备字典（over-complete dictionary），并将其用于人脸图像的协同表示，有助于提高低分辨率人脸识别的准确性以及对噪声的鲁棒性。

（3）对于PCA和SRC方法，识别性能最好的并不是原始的72×60的高分辨率人脸图像，而是具有中等分辨率的18×16的人脸图像。该结果说明，用于识别的人脸图像并非分辨率越高越好，降采样的过程中能够降低由于表情等因素造成的类内差异，反而对识别有所帮助。

为了进一步验证在极低分辨率下，人脸识别性能的变化趋势。我们对于分辨率为$M×N$的人脸图像从18×16到3×3进行降采样（尺度参数以0.25为单位递减）。$D=M×N$代表人脸的特征维度。从图9-11和图9-12中的结果可以分析得出以下结论。

（1）PCA方法对于降采样操作较为鲁棒，随着等级值的增加，低分辨率人脸的识别性能逐渐接近高分辨率情况下的识别结果。

（2）随着分辨率的降低，SRC的判别性能下降较为明显。但是，在特征维度降低至30之前，SRC的性能仍然优于PCA。本章中采用的人脸水印分辨率为9×8，适合使用SRC方法对人脸水印进行识别。

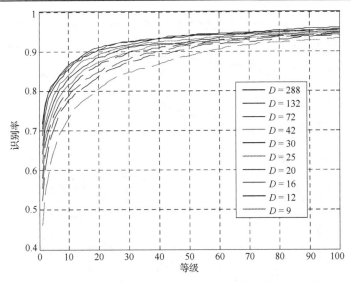

图 9-11   极低分辨率下，基于 PCA 方法的人脸识别性能的变化趋势（见彩图）

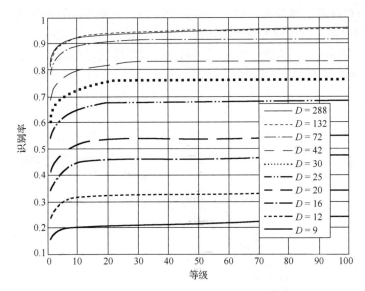

图 9-12   极低分辨率下，基于 SRC 方法的人脸识别性能的变化趋势

　　图 9-13 中给出了多模态生物特征识别的性能曲线。从结果中可以观察到，单独使用人脸水印的识别精度有限，与精确的指纹识别有较大差距。但是，通过多模态生物特征融合，身份识别性能仍能够获得显著提升。该现象说明人脸水印能够提供额外的身份信息，对识别系统起到有效的辅助。从另一角度进行考虑，尽管低分辨率人脸难以提供精确的身份信息，但可以有效地过滤掉大量人脸特征差异较大的个体，从而允许在剩余的一小部分子集当中，通过指纹特征匹配进行精确的身份识别。

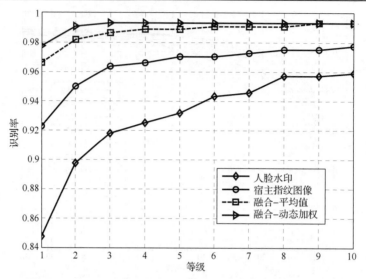

图 9-13　基于人脸水印与指纹图像融合的多模态身份识别性能

　　另一件值得注意的现象是，随着等级值的增加，人脸水印的识别性能提升较快。在 Rank=10 的时候，已达到了与指纹识别率相近的识别率。这说明在允许系统出现适当的错误接受的情况下，人脸水印应能达到与指纹图像接近的认证精度。

　　为了对该问题进行验证，我们对多模态生物特征验证的精度进行测试，结果如图 9-14 所示。通过观察可以发现，在错误接受率接近 1% 的情况下，人脸水印的认证精度甚至与指纹认证相当，并且经过融合之后，多模态身份认证的正确接受率得到了 10% 的显著提升。证明了采用人脸水印作为辅助特征能够额外提供可靠的身份信息。

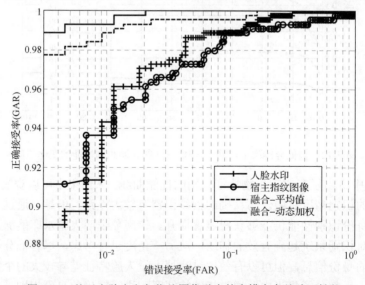

图 9-14　基于人脸水印与指纹图像融合的多模态身份验证性能

9.3　本 章 小 结

　　本章提出了一种基于生物特征互嵌入的认证框架，并将其应用于身份识别系统。在传统的生物特征身份认证之前，添加了基于数字水印的数据有效性认证，从而能够抵抗伪造生物特征数据的欺骗性攻击。采用第 8 章中提出的指纹水印算法，将低分辨率的人脸图像作为水印嵌入在指纹图像中作为数据有效性标识。认证阶段，首先提取人脸水印进行数据有效性认证，只有在确认了生物特征数据可靠性的前提下才进行后续的身份认证。之后，从合法数据中提取出的人脸水印能够作为额外的身份信息，辅助生物特征识别系统。通过与宿主指纹生物特征进行融合识别，提高系统的身份认证精度。

参 考 文 献

[1]　Cox I J, Kilian J, Leighton F T, et al. Secure spread spectrum watermarking for multimedia[J]. IEEE Transactions on Image Processing, 1997, 6(12): 1673-1687.

[2]　Viola P, Jones M. Rapid object detection using a boosted cascade of simple features[C]. Computer Vision and Pattern Recognition, 2001: 511-518.

[3]　Hayashi S, Hasegawa O. Detecting faces from low-resolution images[C]. Asian Conference on Computer Vision (ACCV), 2006: 787-796.

[4]　Byun H, Lee S W. Applications of support vector machines for pattern recognition: a survey[J]. Pattern Recognition with Support Vector Machines, 2002: 571-591.

[5]　Chang C, Lin C. LIBSVM: a library for support vector machines[J]. ACM Transactions on Intelligent Systems and Technology (TIST), 2011, 2(3): 27.

[6]　Phillips P J, Moon H, Rizvi S A, et al. The FERET evaluation methodology for face-recognition algorithms[J]. IEEE Transactions on Pattern Analysis and Machine Intelligence, 2000, 22(10): 1090-1104.

[7]　Klare B, Jain A K. On a taxonomy of facial features[C]. IEEE International Conference on Biometrics: Theory Applications and Systems (BTAS), 2010: 1-8.

[8]　Jain A K, Dass S C, Nandakumar K. Soft biometric traits for personal recognition systems[C]. Biometric Authentication, 2004: 731-738.

[9]　Jain A K, Dass S C, Nandakumar K. Can soft biometric traits assist user recognition[C]. Defense and Security, 2004: 561-572.

[10]　Jain A K, Nandakumar K, Lu X, et al. Integrating faces, fingerprints, and soft biometric traits for user recognition[C]. Biometric Authentication, 2004: 259-269.

[11]　Candes E J, Tao T. Decoding by linear programming[J]. IEEE Transactions on Information Theory,

2005, 51(12): 4203-4215.

[12]　Wright J, Yang A Y, Ganesh A, et al. Robust face recognition via sparse representation[J]. IEEE Transactions on Pattern Analysis and Machine Intelligence, 2009, 31(2): 210-227.

[13]　Yang A Y, Sastry S S, Ganesh A, et al. Fast L1-minimization algorithms and an application in robust face recognition: a review[C]. Proceedings of IEEE International Conference on Image Processing, 2009: 1849-1852.

[14]　Mian A S, Bennamoun M, Owens R. Keypoint detection and local feature matching for textured 3D face recognition[J]. International Journal of Computer Vision, 2008, 79(1): 1-12.

[15]　Zhang L, Yang M, Feng X. Sparse representation or collaborative representation: which helps face recognition[J]. International Conference on Computer Vision, 2011, 6669(5): 471-478.

第10章 总结与展望

10.1 总　　结

　　传统的身份认证方法存在着缺陷，生物特征具有普遍性、唯一性、稳定性和不可复制性，从而提供一种更为便捷、可靠的身份鉴别方法，得到了广泛的关注与应用。随着生物特征识别技术的广泛应用，生物特征的安全性日益显得重要和紧迫。数字签名、生物特征模板保护在一定程度上保护了生物特征的安全性，然而对于数字签名技术来说，对密钥的管理提出了较高的要求，一旦密钥泄露，攻击者就能够对非法数据生成合法摘要。另外，该方法的容错性较低。生物特征模板保护分为基于可逆变换与基于不可逆变换的两大类方法。基于可逆变换的方法，一旦加密数据被破解，攻击者将能够重建用户的原始生物特征，造成难以挽回的损失。基于不可逆变换的方法，变换形式的隐蔽性与模板特征的可判别性之间存在矛盾，即简单的变换方法容易被攻击者发现，复杂的变换又将破坏不同用户生物特征的可区分性。此外，在一些特殊的应用场合中，生物特征数据必须以原始的形式存在（如智能卡上的人脸图像），这种情况下，基于加密变换的模板保护技术将无法适用。

　　信息安全领域新兴的数字水印技术为这个问题的解决提供了一种有效的途径。该技术通过向宿主媒体数据中嵌入序列号、图像标识等信息的手段，实现数据可靠性鉴别、秘密通信和版权保护等目的。将数字水印技术与生物特征识别技术相结合，一方面，可以通过水印技术的信息隐藏、数据有效性认证等功能，为生物特征数据提供可靠的保护，提高系统的安全性；另一方面，若选择不同模态的生物特征数据分别作为载体及水印信息，则实现生物特征互嵌入（如在人脸图像中嵌入同一个体的指纹特征）。

　　本书针对生物特征数字水印技术与应用进行研究，主要包括两方面：利用认证水印，结合生物图像特点，实现对生物特征图像的完整性认证及自恢复；结合生物特征数据自身的特性研究了以人脸与指纹生物特征为代表的互嵌入算法，在身份认证阶段，可以提取水印生物特征与宿主生物特征进行融合识别，提高身份认证的准确性。

　　在基于认证水印的生物特征图像保护方面，本书以指纹与人脸图像为研究对象，围绕基于认证数字水印的生物特征图像保护展开研究，研究不同的认证水印系统，结合生物特征图像特征，提出了4个相应的生物特征图像保护算法：基于脆弱水印的指纹图像保护算法、基于脆弱自恢复水印的指纹与图像保护算法、基于半脆弱自恢复水印的人脸图像保护算法。对于设计的算法，定量分析并验证了不可见性、安全强度、定位精度及篡改图像恢复质量，并考虑对生物特征图像身份鉴别能力的影响。具体包括几方面的工作。

（1）研究了指纹图像特点及可能造成指纹特征破坏的攻击，针对传统基于块链的脆弱水印存在的问题，提出脆弱水印及指纹图像保护算法。首先研究了指纹图像特点，根据指纹图像特征一般由指纹分叉、末梢等得到，首次提出孤立图像块篡改，在不影响人眼注意且改变较小图像区域的方法可以改变指纹特征。为了有效检测针对指纹图像攻击的孤立块篡改，提出一种基于多块依赖的孤立块篡改检测与定位算法并用于指纹图像保护中。该方法将图像分为 8×8 图像块，针对每个图像块，生成 64 位的认证水印，然后将该 64 位水印信息等分为 8 部分后分别嵌入由密钥选择的对应图像块中，进而建立多块依赖结构。当遭受孤立块篡改后，从图像块生成的水印信息与从对应图像块中提取的水印存在多个不对等关系，进而实现对孤立块篡改检测。该方法同时可以应用于针对自然图像的区域篡改。

（2）研究了人脸图像的特点及人脸特征数据的有效表示方法，提出一种脆弱自恢复水印及人脸图像保护算法。首先对上述多块依赖结构的脆弱水印方法进行扩展，在不损失安全强度的前提下，将定位精度由 8×8 的图像块大小降为 4×4 大小的图像块，并通过三层处理提高篡改检测率。为了对篡改人脸图像进行自恢复，提取人脸图像的 PCA 系数生成信息水印，并嵌入人脸图像自身，在检测到篡改后，利用正常图像块中提取的信息水印转换为 PCA 系数，用于识别或者重构特征脸图像。为了减少水印对原始人脸图像识别率的影响，基于显著性区域检测将图像分为感兴趣区域（ROI）及背景区域（ROB），然后将信息水印仅嵌入信息熵高的感兴趣区域。

（3）研究目前脆弱自恢复水印算法中存在图像块及对应嵌入水印图像块同时遭到破坏，不能有效恢复的情况，提出基于冗余环嵌入的脆弱自恢复水印算法，并用于生物特征图像保护中。传统的自恢复水印，一般将图像块生成的信息水印嵌入其他图像块中，当图像块检测到篡改后，可以利用从对应正常图像块提取的水印恢复。然而，当图像块及对应图像块同时遭到篡改时，则不能有效恢复。提出一种冗余环的脆弱自恢复水印算法，用于人脸图像或指纹图像保护中。该方法将原始图像划分为 8×8 的图像块，然后经 DCT、量化及编码后形成 64 位水印信息，嵌入由密钥选择的其他图像块及备份图像块。为了增加有效篡改恢复概率，对应图像块及备份图像块之间距离尽可能大。在篡改检测时，通过比较生成水印与提取的两个对应水印信息，可以得到两个篡改检测结果，经过融合后可以大大提高篡改检测精度，并且即使图像块和对应图像块均遭到篡改时，仍能从另一个备份的块中提取水印进行恢复，提高了篡改恢复质量。最后，将提出方法用于人脸与指纹的保护中，通过对人脸及指纹的不同比例的篡改，检验定位效果及自恢复后图像的识别率，用于说明提出算法的有效性。

（4）研究人脸图像特点及半脆弱自恢复水印算法存在的问题，提出小波分组量化的半脆弱自恢复水印算法及人脸图像保护。减少水印嵌入量是解决半脆弱自恢复水印算法鲁棒性及图像恢复质量之间矛盾的有效途径。传统的半脆弱自恢复水印算法通过降采样或提取小波的低频系数生成水印的方式来减少水印嵌入量,取得了一定的效果,但尚不能完全满足实际应用的需求,且容错性较差。实际上,对于人脸图像,可以仅使用特征数据来有效表征整幅图像,达到压缩数据的目的,减少了嵌入量。提出方法通过提取人脸 PCA 系数降低嵌入水印量,采用分组量化嵌入方法增加鲁棒性,采用双认证结构提高篡改定位效果。提出方法可以有效检测并定位针对人脸图像的恶意篡改,基于篡改检测结果,利用嵌入的 PCA 系数对人脸图像进行自恢复,并且提出方法对内容保持操作鲁棒,提高了算法的实用性。

在基于数字水印的多生物特征互嵌方面,本书结合生物特征数据自身的特性研究了以人脸与指纹生物特征为代表的互嵌入技术,提出了三个算法:基于特征显著分布的自适应人脸图像水印算法、基于小波显著幅值差异的指纹图像水印算法、基于生物特征水印的认证框架,具体工作如下。

(1)结合人脸特征图像自身的特点,提出了一种基于特征显著分布的自适应人脸图像水印算法。与传统人脸水印方法为了保护人脸判别特征而回避特征丰富区域的思想不同,本书指出由于显著特征对于噪声具有较好的鲁棒性不易受到水印嵌入的影响,人脸图像的特征显著区域更适合水印嵌入。在此基础上,使用 Adaboost 算法对人脸宿主图像不同区域的纹理特征显著程度进行评价,并根据分析结果将指纹水印的重要内容优先嵌入人脸的特征丰富区域。通过实验,验证了该方法的有效性。

(2)提出了一种基于小波显著幅值差异的指纹图像水印算法。提出针对指纹图像的离散小波变换域数字水印嵌入算法。在分析指纹图像特点的基础上,设计出一种基于小波系数显著差异量化的指纹水印方法,并通过实验对水印算法的保真度和鲁棒性与经典的指纹水印方法进行对比和分析。

(3)提出了一种基于生物特征水印的认证框架,并将其应用于身份识别系统。在提出的生物特征互嵌入算法基础之上,给出了基于多生物特征互嵌入的身份认证系统的具体实行方案。在传统的生物特征认证之前,添加生物特征数据有效性认证,有效抵抗欺骗攻击,提高系统的安全性。最后,在保证数据有效性的前提下,使用水印生物特征与宿主生物特征进行融合识别,提高认证精度。

10.2 展   望

本书以认证数字水印为主要技术手段,结合指纹与人脸图像特点,研究生物特征图像保护所涉及的认证水印篡改检测、定位和自恢复等方面的内容,以及多生物特征互嵌所涉及的鲁棒水印嵌入方法等,然而生物特征图像数字水印算法的研究仍有待解决的问题,从作者的研究体会,可以从以下几个方面开展研究。

(1)水印生物特征模板的数据量一般较大,对水印方法的嵌入量提出了较高的要求,但若降低水印生物特征的容量,又会影响特征的可区分性。如何在降低待嵌入信息量的同时,有效保持特征的可判别性是生物特征水印生成过程中的一个重要问题。

未来的研究工作中,可以从生物特征识别领域的特征选择与特征降维方法中借鉴经验,却不能将其直接应用于生物特征水印生成。一方面,复杂的特征提取、降维方法,对于水印嵌入端的计算及存储能力提出了较高的要求,影响实际应用价值;另一方面,由于提取出的水印可能会遭受不同程度的失真,从信息冗余性与水印容错性的角度而言,作为水印的生物特征数据不应该过于精简。

(2)对于宿主生物特征图像,不同区域、不同类型的特征对身份判别的贡献大小不同。在水印嵌入过程中,根据判别特征的重要性区分对待不同图像区域的嵌入量及嵌入强度,是在生物特征图像中实现自适应水印嵌入的关键。本书分别从人脸图像 LBP 纹理特征以及指纹图像小波域极值点的角度出发设计了相应的水印嵌入算法。但是,对于其他类型的常见生物特征数据,如虹膜、静态签名图像等,图像自身特点以及相应的识别技术也有所不同。如何针对其各自的特性设计专门的水印嵌入算法,应是本领域未来的主要研究内容之一。

(3)对于基于认证水印的生物特征图像保护方面,因一般的噪声压缩对特定特征的识别率不产生影响。研究能区分恶意篡改和"识别保持"操作的半脆弱水印需要更深入的研究。

(4)对于生物特征互嵌入方面,为了将生物特征互嵌入技术更好地应用于实际系统,除了进一步提高水印及多模态融合识别方法的性能之外,设计安全可靠的生物特征水印协议也具有重要意义。例如,针对生物特征水印系统的密钥管理和协商机制等信息安全问题的研究,将会成为生物特征互嵌入技术的另一个发展方向。

彩　　图

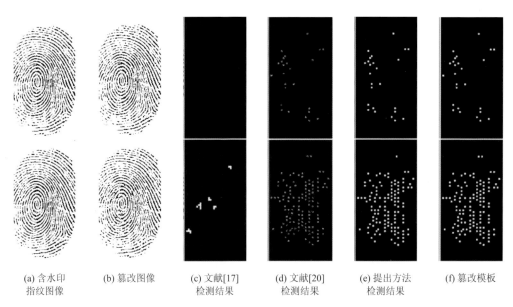

(a) 含水印　　(b) 篡改图像　　(c) 文献[17]　　(d) 文献[20]　　(e) 提出方法　　(f) 篡改模板
指纹图像　　　　　　　　　　检测结果　　　检测结果　　　检测结果

图 3-11　针对指纹攻击的孤立块篡改检测

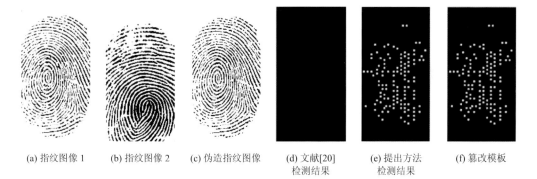

(a) 指纹图像 1　(b) 指纹图像 2　(c) 伪造指纹图像　(d) 文献[20]　　(e) 提出方法　(f) 篡改模板
检测结果　　检测结果

图 3-13　在合谋攻击下的孤立块篡改检测结果

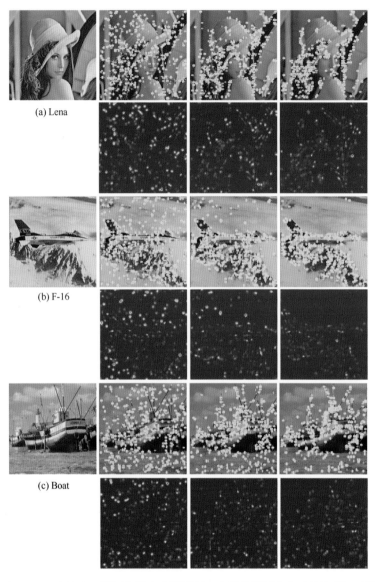

图 8-14　SAD-DM 方法中，不同分组大小情况下，水印的空间分布（奇数行），以及相应的
SSIM 分布图（偶数行）；第 2,3,4 列，水印方法的分组大小分别为 5,15,25